体_之人生验

唐君毅

著

九州出版社 JIUZHOUPRESS 全国百佳图书出版单位

图书在版编目（CIP）数据

人生之体验 / 唐君毅著. --北京：九州出版社，
2020.11

ISBN 978-7-5108-8822-9

Ⅰ．①人… Ⅱ．①唐… Ⅲ．①人生哲学－通俗读物
Ⅳ．①B821-49

中国版本图书馆CIP数据核字（2020）第238173号

人生之体验

作　　者	唐君毅　著	
责任编辑	王　佶	
出版发行	九州出版社	
地　　址	北京市西城区阜外大街甲35号（100037）	
发行电话	（010）68992190/3/5/6	
网　　址	www.jiuzhoupress.com	
印　　刷	三河市兴博印务有限公司	
开　　本	880毫米×1230毫米　32开	
印　　张	10.125	
字　　数	195千字	
版　　次	2021年11月第1版	
印　　次	2021年11月第1次印刷	
书　　号	ISBN 978-7-5108-8822-9	
定　　价	52.00元	

目 录 CONTENTS

> ## 第四部　人生的旅行（童话）

> ## 附录：心理道颂

自　序 >>

（一）我前著《人生之路》，共十部，分为三编。三编将分别出版，故易其名。本书原为其第一编。今定名人生之体验。第二编拟名道德自我之建立（此书于三十三年在商务印书馆出版，一九六三年于人生出版社重版），第三编拟名物质生命与心（此书于一九五三年并入《心物与人生》一书，于亚洲出版社出版，一九七五年学生书局重版）。

（二）本书重直陈人生理趣。于中西先哲之说，虽多所采择，然融裁在找，故绝去征引。称心而谈，期于言皆有指，可以反验诸身；故一义之立，多无论证。

（三）本书立义，无论证，亦无外表之形式系统，各部义蕴，交流互贯，中心思想，即透露文中。故无纲目式之结论，可供人之把握。今为使读者易丁悟会其中心思想之所在，姑设下列数问，随意作答。虽有近游戏，然全书归趣，亦可因此而见。

何谓人？今借《礼运》一语答曰：“人者，天地之心也。”复借尼采一语答曰：“人是须自己超越的。”

何谓生？今借陈白沙弟子谢祐一诗答曰："生从何处来？化从何处去？化化与生生，便是真立处。"

人生之本在心，何谓心？今借朱子一诗答曰："此身有物宰其中，虚澈灵台万境融，敛自至微充至大，寂然不动感而通。"

何谓人生之路？今借陆放翁之诗答曰："山穷水尽疑无路，柳暗花明又一村。"复借秦少游一诗答曰："菰蒲深处疑无地，忽有人家笑语声。"

何谓人生之价值？今借王安石诗答曰："岂无他忧能老我，付与天地从兹始。"复借忘名之某诗人之诗答曰："不是一番寒彻骨，怎得梅花扑鼻香。"

何谓理想之人格？今借陆象山一诗答曰："仰首攀南斗，翻身倚北辰。举头天外望，无我这般人。"

何谓理想之人格之归宿？今借近人梁任公诗二句答曰："世界无穷愿无尽，海天寥阔立多时。"

（四）关于本书写作之形式之所以如此，我亦有数聊以解嘲之答复。

本书何以分许多部而似不相统属？今借苏东坡一诗解嘲曰："横看成岭侧成峰，远近高低各不同。不见庐山真面目，只缘身在此山中。"

本书各部义蕴之交流互贯处，何以不先指出？今借王维诗解嘲曰："玩奇不觉远，因以缘源穷。遥爱云木秀，初疑路不同；焉知清流转，偶与前山通。"

本书何以不用最确切的语言表真理？今借歌德二语解嘲曰："真理似乎是把光不但放射于一方面，而且也放射于多方面的金刚石般的东西。""只有不确切的，才是富于创生性的。"（Only the inadequate is productive.）

本书何以说许多话有意的不说到尽头处？今借歌德一语，省略数字变其原意解嘲曰："我们对高级的原理，只应该有益于世间的范围内说出，其余的我们应该藏在心里。但是它们会和隐藏了的太阳之柔和的光明一样……广布它们的光辉吧。"

唐君毅三十二年五月廿日于重庆中央大学柏树村宿舍

重版自序 >>

本书于民国三十三年，在上海中华书局出版。在我出版此书之前，曾出版中西哲学比较研究论集。表面看来，该书比此书多一倍，充满人名书名，似乎内容丰富。实则多似是而非之论。故我愿视此书为我出版之第一本书。此书中正文连附录一篇，都是廿八年至卅二年中所写，写的时间，不谋而合，都在孟春。写成以后，曾先分别在《学灯》《理想与文化》及中大《文史哲季刊》发表。当时我较年青，对现实人生之了解尚比较浅。于人生的艰难，人们之罪恶一面，更缺乏真认识。但正因如此，所以这些文章中之一些情致与天趣，为我后来写之文章所不及。十多年来，我个人在学问知识方面，当然有增加，有进步。譬如当我写此书时，各种宗教思想，在我心中，几无甚地位。现在则我对一切宗教思想，都更能承认其价值，但是对人生之基本观念，则十多年来，并无变迁。我年岁日增，一般学问知识日进，更能自证我之思想，未走错路。此书颇带文学性，多譬喻象征之辞，重在启发诱导人向其内在的自我，求人生智慧，而不是直接说教，亦未确定的归结于某一宗教、某一家派之哲学。此书之思想，可说是在真理之道口，是可以通到各种不同的宗教与哲学的。凡欲从事各派宗教与哲学之融通者，亦可由此书得若干暗示。所以无论什么人看了，我想都多少可有些益处。直到现在，我自己看此书，虽觉其不够庄严，许多地方，仍是观照意味太重，不足廉顽立懦。但亦有许多地方，仍能自己受益。我近来写文，较喜谈一般社会文化问题。为了反抗唯物主义、极权主义，恒不免意态激昂；但实际上，仍是以此书所透露的对人生的柔情，为一我所说一切的话之最深的根据。在我所写的一切文章中，亦只有此书比较能使一般人——尤其有向内而向上的精神之青年，在内心发生一些感动。上海中华书局出版此书至第三版。自三十五年后，即停版，常有人写信来，要买此书。故函该局，将版权收回，交人生出版社印行。除第四部暂时删去外，其余书中文字及内容，大皆照旧付排。改正错字及大讹误处，不过数百字。意在多保存原来面目。如果读者读此书能发生兴趣，我想可以引读者去看我后来出版的书，以多少补此书之所不足。

上文乃于一九五六年为人生出版社之初、二、三版所作之序。今再交台湾学生书局，另排新版，改用较人之字体，以使读者之目光与心思，更易留驻。并将第四部再行补入，再改正文字，约数百字，不再作序。

一九七六年十二月君毅志

导　言 >>

　　本书承中华书局愿与出版以后，偶与该局编者谈及。他希望我作一附文，说明本书之思想背景，本书所融摄之各家思想，最好开一书目于后。在编者之意，也许是因觉此书，对于人生哲学上之其他学说，无所讨论，且绝去征引；会使读者觉此书，好似一从天而降，四顾无依的东西，无法将此书在著作界安排一适当之地位。编者之好意，我很了解。所以我愿写一篇导言，说明此书之写作的经过；并举出一些我喜欢的谈人生问题之书，也许可以帮助读者，在精神上走进此书之内部，并知此书之所以作。

　　我首要说明的是，此书之写作，根本上，不是要想提出一种人生哲学上之学说，也不是在宣扬哪一派之人生哲学的学说。一切提倡或宣扬一种学说的人生哲学著作，在写作时，都有一种与他人不同学说相对抗的意识。但是我在写此书时，根本无与任何不同学说相对抗的意识。我写时，根本莫有想着：任何与此书思想或同或异之思想。这原因很简单，即我之写此书，根本不是为人写的，而是为己写的。所谓为己，也不是想整理自己的思想，将所接受融摄之思想，凝结之于此书。只是自己在生活上常有烦忧，极难有心安理得、天清地宁的景象。虽然自己时时都在激励自己，责备自己，但是犯了过失，总是再犯，过去的烦恼，总会再来。于是在自己对自己失去主宰力时，便把我由纯粹的思辨中，所了解的一些道理，与偶然所悟会到的一些意境，自灵台中拖出来，写成文字，为的使我再看时，它们可更沉入内在之自我，使我精神更能向上，自过失烦恼中解救。一部不能解救我，便写第二部。在写时，或以后再看时，我精神上总可感到一种愤发，便这样一部一部的写下去了。在写任一部时，可说都是心中先有一朦胧的理境，任其自然的展开，但我并不想把此理境，展开表露至最高的清晰程度。我有意的使余意未伸；我不在文字中，穷竭那降临于我的理境之一切意义，也不走到此理境之边缘。我在文字中，让轻雾笼罩着此理境之边缘，为的使写出的文字，更富于暗示性、诱导性，使我自己再看时，精神更易升入此理境中去。这是表示我之写此书，是为己而非为人。所以此书的大半，都已写成好几年。近的也在二年前。虽然有一部分，曾在刊物发表，但全部合起来发表，直到最近才真决定。

我之所以要全部合起来发表，当然一方面是因所曾发表之一部分，有许多人称许，使我觉得此书，对人也可有益。但是主要的原因，是我自己看看这些文字，我觉我以后未必能再以同样的心境，去写同样的文字。我以后可能要写些比较更当行的系统著述，用论证来成立我思想上之信仰，并讨论到与其他派思想之异

7

同。但是那样写成的著作之价值，是否即高于此书，我现在不能说。直到现在，我是宝爱我写此书各部时之心境的。

我写此书各部时之心境，各不相同。大体都是如上所说，出于解救自己之烦恼过失的动机，想使自己之精神沉入一理境中去。但我虽是出于解救过失之动机，而写此书各部，在写作时，却无与烦恼过失挣扎奋斗之情调。此时，我心灵是平静的超脱的，我是站在我自己烦恼过失之外，来静观我自己。这居于静观地位的我，好似一上下无依，迥然独在的幽灵。这幽灵，一方面上开天门，使理境下降；一方俯瞰尘寰，对我自己与一切现实存在的人，时而不胜其同情恻悯，时又不胜其虔敬礼赞。所以写作时常常感触一种柔情之忐忑，忍不住流感动之泪。记得史震林在《西青散记》中有几句话："嗟君何感慨，一往不可攀。仰视碧落，俯念苍生。情脉念痕，不知所始。醉今梦古，慧死顽生。淡在喜中，浓出悲外。"我之写此书，便可谓常是在此种有所感慨的心境情调之下写的。即在此心境情调下，我便自然超拔于一切烦恼过失之外，而感到一种精神的上升。虽然此种心境情调之降临于我，常常不能到最深之程度，总是稍纵即逝，我的文字拙劣，更根本不能表达此种降临于我之心境情调于万一。然而我曾有此种心境情调，来写此书之各部，则是确实的。这种心境情调本身，我认为是可宝爱的。所以我应宝爱由此而成之文字。

以下当说到我所喜爱之人生哲学书。我之所以只说我之所喜爱，而不说我所写出的与它们之关系，是因为我根本上不曾细细想，我受它们影响至何程度。因我所能融摄的思想，已成我之血肉。要我学哪吒之析肉还母，剔骨还父，只留下我赤裸裸的灵魂，相当困难。而且我所喜爱的，未必即我所能融摄的，至少不必是我在此书中所曾融摄的。所以我以下只说我所喜爱的人生哲学书。客观的读者，自可由我之所喜爱，而知我心之所向往，因而能自然分析出哪些是我所曾融摄的，哪些是多多少少受它们影响的；而我亦可借此以表示我对它们之敬意，将这一些著作，重介于他人之前。因为我亦愿我之此书成为这许多著作之导言。

大体上来说，愈是现代的人生哲学之著作，我喜欢的愈少。现代许多人生哲学道德学之著作，大都是纲目排列得整整齐齐，一派一派学说，依次叙述，一条一条论证，依次罗列。这一种著作，我以为除了帮助我在大学中教课，或清晰一些人生哲学道德学的观念外，无多价值。这种著作，只能与人以知识，不能与人以启示，透露不出著者心灵深处的消息。而且太机械的系统，徒足以窒息读者之精神的呼吸，引起与之对抗，去重建系统的好胜心。这一种著作方式，在现在之时代，自有不得已而须采取之理由，然而我不喜欢。我对愈早之人生哲学之著作，愈喜欢。我喜欢中国之六经，希伯来之《新旧约》，印度之《吠陀》，希腊哲学家如 Pythagoras, Heraclitus 等.之零碎的箴言。我喜欢那些著作，不是它们已全道尽人生的真理。我喜欢留下那些语言文字的人的心境与精神、气象与胸襟。那些人，生于混沌凿破未久的时代，洪荒太古之气息，还保留于他们之精神中。他们在天苍苍、野茫茫之世界中，忽然灵光闪动，放出智慧之火花，留下千古名言。他们在才凿破的混沌中，建立精神的根基；他们开始面对宇宙人生，发出声音。在前不见古人，后不见来者之心境下，自然有一种莽莽苍苍的气象，高远博大的胸襟。他们之留下语言文字，都出于心所不容已，自然真率厚重，力引千钧。他们以智慧之光，去开始照耀混沌，如黑夜电光之初在云际闪动，曲折参差，似不遵照逻辑秩序。然雷随电起，隆隆之声，震动全宇，使人梦中惊醒，对天际而肃然，神为之凝，思为之深。这是我最喜欢上列之原始典籍之理由。

上段是笼统的说，我不喜欢现代之人生哲学之著作，而对愈古之哲学著作愈喜欢，最喜欢原始典籍中之哲学思想。以下我将分别就西洋、印度、中国方面，说我所喜欢之人生哲学著作。

除希腊之最早之哲学家所留下零碎语录，在西洋方面之人生哲学著作，自然以柏拉图《对话集》若干篇，如 Symposium, Phaedrus 等，为最能启示人以哲学上之智慧。柏拉图《对话集》之作法，恒先述聚谈缘起，由实际生活中问题，以引入哲学问题，由事显理，即理导情。其启示人生真谛，皆依辨证历程，层层展示，由近及远，由低及高，使人超离凡俗，归化神明。文中主客对辩，博譬曲喻，妙趣环生；终恒归于主客忘形，相悦以解。其灵思之富，如泉之涌，往复相应，如常山蛇。其歌颂美爱至善之价值，终于穷于赞叹。柏氏之著，将永为西洋哲学智慧之源泉，亦将永为西洋哲学智慧之高峰。我虽未能归宗柏氏，然此不碍于我对柏拉图著作之中心喜悦。

柏拉图以后之亚里士多德之《伦理学》，自为治人生哲学伦理学者无不曾读之书。亚氏之伦理学，自较柏氏之主张更切近人生，在许多问题上，亚氏之答案，更为圆融中正。然亚氏为人，为一散文式的。其论道德学，亦如其论形而上学、逻辑学与自然哲学，徒以冷静之理智，自外分析幸福、德目、至善之问题。故其文字少情味，可谓为科学的伦理学之始祖。

亚里士多德以后之希腊哲学著作，我看的不多。但如伊辟鸠鲁及伊辟克特塔氏（Epictetus）等，虽心量不免于局促，然其恬然自安，务求精神之宁静之人生态度，实至可宝贵。他们之著作，虽无亚氏系统之博大，然彼等无理智上之野心与好胜心，唯务朴实说理，故其言警辟精透。无论我们对其所说是否赞成，读之皆可有所感发。

至于新柏拉图派创始者之柏鲁提诺，允为柏氏以后对人生问题有最亲切之把握之一人。柏鲁提诺醉心神境，仰赞大光。虽以其教授生涯，著作颇多，且重以论证，引导凡愚；然其精神所寄，决然在文字思辨之外。彼谓最高之哲学语言，皆只有消极之引导功用，此正同所谓"渡河须用筏，到岸便离船"。若非上智，安能解此。其所著作，慧根应读。

至于西洋近代之人生哲学道德学之著作，我最不喜欢的，是霍布士、边沁、弥耳之著作。其功利主义之立场，根本与我不同。此外如英国直觉主义者，如沙夫持贝勒（Shaftesbury）、黑齐生（Hutcheson）、布特勒（Butler）、卡德华斯（Cudworth）、摩耳（Moore）、克拉克（Clarke）等之思想，我虽比较同情，但我并未读原书。而且我总觉彼等之学究气太重，我对之无多好感。培根之散文集，其中论人生问题，多出其亲切之体验，且鞭辟入里，我所赞许。但其意境，实甚平庸。循其所言以立身行己，可以为幸福之善人，然不足以语于精神之上升。人如求人生思想于近代英国，与其求之进于近代英国之哲学，远不如求之于近代英国之文学，如莎士比亚、古律芮己、华茨华斯与卡莱尔之著作。其中卡莱尔之《英雄与英雄崇拜》，及 Sartor Resartus 二书，实近代英国之第一流人生哲学之著作。卡莱尔之精神，冥心直进，凌厉无前。其《英雄与英雄崇拜》一书，赞美古先圣哲，出于衷心仰服，夹叙夹议，其人生哲学即透露于中。后一书先述其精神奋斗过程，终于直接发挥其人生哲学。一语一字，皆从肺腑中流出，其对理想之向往，处处足以廉顽立懦。近代英国之道德哲学家，与之相比，真如侏儒之于巨人。

至于法国方面，巴斯卡（Pascal）之《思想》（Pensées）一书，虽通通是零篇断语，然实一最富启示性人生哲学著作。Pascal 处于宗教真理与科学真理冲突之际，既渴求神圣之境界，又喜刻划自然之数理；既栖神于超时空之天国，又战栗于科学所示之现实时空之无穷；局躇于天地之间，彷徨于真理之途，四顾无依，左右失据，苍凉寂寞，自毁其身。然其心志，则至柔而至刚，自愿为冲突之真理之战场，死而无悔。故其所留之文字，虽以是而不免于矛盾，然点点皆为追慕真理而流之血泪。其文约，其旨远，其矛盾处，皆足使人深思，可谓贤矣。

至于荷兰之哲学名家，如斯宾诺萨之《伦理学》，自亦为一切治伦理学者必读之书。此书之思想，处处依照严密之论证以进行，其几何式之文体，可谓极机械之能事。彼之自觉的求伦理学著作之严格科学化，可谓前无古人，后无来者。然斯氏，真有智慧人也，其文字体裁如是，其时代为之，盖亦有所不得已。斯氏逃遁世外，绝去一切名利恭敬之寻求，以真理为唯一之善。其心灵莹洁无瑕，泊然绝累，静观万物，游心于永恒无限之神境。故其著作虽极机械之能事，然另有一天清地宁之景象，透露于文字之外。其书虽初读之际，觉桎梏重重，然读至最后一部，得其归旨，则顿觉桎梏尽去，有身心洒然之乐。充理智之量，以达于超理智之境，吾于斯氏见之。

言近代西洋人生哲学道德学著作，英法实非德比。德国道德哲学之著作，自当首推康德之《实践理性批判》及《道德形上学基础》二书。康德乃严肃拘谨而富于虔敬情绪之人。其提出无条件命令，在西洋道德哲学史上，有划时代之意义，从此而划定理想主义与功利主义道德哲学之分水岭。慧眼如斯，真可千古。其在道德生活上之真实体验，亦往往透露文中，使人感发。然康德之形式主义，非我所能同情。我对彼人格之估价，不及我对菲希特估价之高。

康德严肃而拘谨，菲希特热烈而真挚。康德终身生活限于学校，菲希特则贡献其精神于国家。康德哲学之形式主义，赖菲希特而充实其内容。菲希特论我与非我，精神与自然，所以相对存在，由于正面之必赖反面，以成其为正面，实颠扑不破之真理。菲希特《伦理学体系》一著，亦务化伦理学为严整之演绎系统，其中心观念虽赖此书而精确表达；然我所最爱者，则其一般之道德论文。如《人之天职论》一书，以对辩体裁，发挥其人生哲学上之信念，鞭辟以入里，鼓舞以尽神，实深入浅出之伟作。

黑格耳哲学，宏纳众流，吞吐百川，可谓近代哲学界之奇杰。我受其影响至大。然我殊不喜其为人之倨傲态度。彼以绝对精神实现于德国，与其自己之哲学，尤为大可议者。其思想之斧凿痕太显露，彼盖根本尚未达于思想与生活融合之境界，彼抑根本不求此。故彼对哲学之受用，实不及菲希特。其著作我最爱者为其《精神现象学》。此书我在十年前，曾以八日自晨至晚之功夫，读完一次，以后竟无重读之时。此书毕竟是一撼动人心之伟作。少年黑格耳之浪漫想象与丰富之智慧，充塞文中。彼依一条顺辩证法而发展的思想之线，去对人类精神生活之由低至高之不同境界，作一巡礼，处处是山穷水尽，处处是柳暗花明。实无异描述人类精神发展之诗剧。

与黑格耳对敌之叔本华之哲学著作，其长处实是在谈人生。叔本华虽然莫有黑格耳那样雄伟的气魄，与严刻的思辨力，然而叔本华之文章则比黑格耳纯熟流利而自然，不似黑格耳之诘屈聱牙。他的思想与生活，未全融合，亦如黑格耳。然叔本华是有二重人格的人。他一方面尽管是一凡人，然而至少在他写哲学著作时，他是真能从他之自我解放出来的。所以其著作中，有一种清明朗澈的气象，时有平易亲切之言，不像黑格耳之深奥难测。叔本华在《世界如观念与意志》中，及其他短文，如《悲观论集》等中，其论人生之可悲一面，可谓深入现实人生之核心，使人怅触无边。其论科学、哲学、艺术、道德、宗教之意义，均根于极深之慧眼。

歌德与席勒，都是德国文学家，然而他们之文学著作，都可说是自觉的为表现他们之人生思想而著。除了他们之纯粹文学著作不说，歌德之《谈话录》，便是想了解人生者必读之书。歌德生活丰富，彼对人生之认识，皆从其新妍活泼之生活中体验出来。在其《谈话录》中，可以发现一粒粒的金刚石式之言论。此一粒粒金刚石之言论，虽然散见各处，不相统摄，然其光芒，互相映射，使我们但觉一片柔辉，扑来人面。

歌德与席勒比较，当然歌德气象更阔大。歌德是长江大河，席勒便只是碧湖清涧。然而碧湖清涧，比长江大河更优美。歌德还有尘世气，席勒之人格，则纯粹如精金美玉。席勒的美学书札与论文，论美即论善。其论美以人格美为归宿，人格美即善。其论人格之美，如《论风度》《论崇高》，都是道德哲学上的无价之宝，任何人所应当读的。

至于尼采，当然是一近代之人生哲学上的天才。其对人生体验之丰富，恐怕西洋许多哲人，都须在其前低首。尼采是近代哲学传统外之人物。其声音来自荒野，来自山顶，来自海边，他是野人。但正因其野人，所以能独往独来，绝去一切传统文化学术的羁绊。他的著作，都在极端寂寞中所作。他为自己与自己之寂寞战争，然后写作。当世无一人了解他，他只合永远自己用语言，来填满他自己与无限间的虚空。他不信旧宗教，而企慕超人；鄙弃人间，又深心热爱人类。他是有不可解救的精神矛盾的人，故终于寂寞疯狂而死。矛盾把他自己精神分裂，使他之心灵的光辉，向四方投映，由此而体验到他自己精神上各方面的祈求与向往，写成数十部无系统的语录式的著作。他根本厌恶系统，因其思想太丰富，不能桎梏于任一机械之系统之中。他是一荒野的人，其思想之生出，亦如野地草木之丛生，蔓延四处，参差不齐。读他的著作，自然不如读一般哲学著作那样舒服。读后者如游近代公园，一切草木，都剪伐得整整齐齐，然天趣毫无。而读他的著作，则如到了未经人工雕斫的自然界，无尽的生命力，自丰林茂草中，不可测的表现着，使人觉与宇宙原始生命力接触。他的著作，我亦未读多少。就我读的说，《我这个人》（Ecce Homo）与《悲剧之诞生》，最应先读。《查拉图斯图拉》之许多处，我不能知其真意所在，但我仍喜之。此外我喜欢《快乐的智慧》《善恶之彼岸》。《权力之意志》一书，我不喜欢——虽然权力之意志为其思想之中心观念。尼采之书，充满启发性、激厉性，文字刚健有力，如寸寸之铁。我敬爱他欣赏他之为人与著作，但我绝对不能学他。其精神太紧张，烟火气太盛，偏见太深，他的著作，使我呼吸急迫。除了在正读他书之时，我可以欣赏他以外，我只要放下他的书，便回到我自己，绝不愿他之精神感染我。如果我与尼采同时，又与他相识，他希望我能赞成他之主张，以对他寂寞的灵魂有所安慰与同情，我要明白的同他说："我不能赞成你所说之一切，我对你最大的安慰与同情，只是我了解你是一寂寞的灵魂。"好在尼采有其高贵的性格，他根本不屑于受他人之安慰与同情。他所尊敬的人，是配与他为敌的人。尼采本不需要信徒，我们也不必作他的信徒。

除了尼采以外，在近代丹麦还有一孤独的灵魂，即杞克果（Kierkegaard）。这人的著作，我未直接看过，只看过一二本介绍他思想的书。他是一真正要寻求他最深的自我的伟大人格。他不似尼采之反对宗教，而迫切于要求真正的宗教。他不似尼采之将自己精神向四方分裂，而是要努力使精神自己集中于最深远的神境。他有最强烈的宗教意识。他一生之在祈求向往中，与尼采无异，但所祈求与向往者不同。我对其思想之爱好，过于尼采，可是我未读他许多书，只读一些节录的文字。我对之不能多说，但是我望人得着他的书，便读。

至于现代的西洋人生哲学著作，美国方面 Royce 的《世界与个体》，虽是形而上学的书，但其书第二本对于人生之启示至为广远。我所爱的他之著作，是《近代西洋哲学精神》，此书虽是一哲学史著作，然其论近代西洋哲学精神，即论近代西洋各大哲之精神境界，实可视作一人生哲学书读。至于其专论人生哲学之《忠之哲学》，反嫌平凡。詹姆士在美国哲学界，是一活泼生动的思想家，我最喜欢的是其《宗教经验之种种》。此书搜集古今关于宗教经验记载材料，极为丰富，彼由此以分析出宗教经验之特质。此虽是限于论宗教经验之书，然宗教经验乃人生经验中最可贵者之一种。詹氏文字无不流畅清楚，此书实值一读。此外其谈人生之零篇文字及《实用主义》等书，虽流行，实肤浅，倒不如读其《心理学原理》一书。因此书描述心理学，如描述人生。至于杜威氏之《伦理学》，则是教科书。此书论道德，理境不高，只是其思想比詹姆士谨严而已。在英国方面，T. Green 的书虽多被人作教科书，然实有深厚之精神背景之作。勃拉得雷（F. H. Bradley）乃有真正哲学洞识之人。其《伦理学研究》虽是零篇论文，且徒事分析与辩论，然语必归宗于其对道德哲学之洞识，实值一读。至如颇负一时盛名之实在论者，如 G. E. Moore，C. D. Broad 之伦理学著作，则除清晰伦理学概念之逻辑意义外，余无足取。罗素到底比他们高，以其有对现实人生之热情。在《神秘主义与逻辑》中之《自由人的崇拜》一文，为其论人生最好之一文。Whitehead 之所长，乃在宇宙论，其 *Adventures of Ideas* 一书，我也曾从头读过，但无深刻之印象。只觉他根据其宇宙论，而建立人生根本是一创造之基本观念，是可宝贵的。法国方面，柏格孙之《道德与宗教之两原》一书，一变其早年著作之作风，文字由明朗畅达，变为深细沉潜，内容亦是一种向深的道德宗教境界去探索的书。此书我亦未看完，但我知其甚有价值。至于在德国方面，倭铿之著作，则处处皆可表见其为一正大笃实之君子。其著作大抵均是人生哲学书，文章中所透露之精神气度甚好。其思想不算如何丰富，但非常真切动人。我读其书，觉精神皆有所兴起。此外，哈特曼之《伦理学》，允为现代伦理学之大著。其根据实在论立场，而主张价值世界潜存心外之说，我不同情。但其书第二册，论各种道德价值，专取现象主义之描述法，却写得非常亲切有味，使人感发。其对道德价值之体验丰富与深厚的程度，当世罕能及。其次则斯伯朗格（Spranger）之《人生之形式》，论种种人生之价值境界之差别，与其交流互贯，以说明人格之形态、文化之类别，兼通于心理学与道德哲学及文化哲学，亦为今之名著。其对道德价值本身体验之丰富，不及哈氏，然其书统之有宗，会之有元，不似哈氏之专务描述，自承最高之道德价值尚未发现。在德国现代哲人中，我最赞许的还是凯萨林（Keyserling）。凯萨林我尝以之为现代欧美哲学界中第一聪明人。彼本以谈文化哲学出名，然其谈文化即谈人类精神。其对人生之认识，即由谈文化之著作中，已可见之。其谈文化者，自以《哲学家旅行记》为最好，其论东西文化与人生观念之不同，透辟绝伦，世所希有。其专谈人生者，如《真理之回复》（*Recovery of Truth*）、《创造的智慧》（*Creative Understanding*），无不溢出西方传统哲学范围以外，而通于东方思想。其以哲学为抉发意义之学，并以哲学当艺术化，哲学当自机械之理论系统中解放，皆独具炯眼，不同流俗。

其在《创造的智慧》之序文中，自谓其书著法，是一种旋律式的写法：即每一章皆自具首尾，成一整体，而各章义蕴流贯，如许多旋律，互相交响。我之此书各部之写法，亦可谓受其提示。此外德国现代哲学家如海德格（Heidegger）、雅士培（Jaspers）我皆未读其原著，但就所知，都有非常可诱发灵慧之处。

以上略述我所喜爱西洋人生哲学及伦理学之著作。不过就整个西洋之人生哲学伦理学著述看来，总是表现向上祈求、向前向往、向外追求捕捉之态度。西洋哲人，仰视霄汉，赞彼天光，企而望之，俯而承之，其欲超离凡俗，以达灵境者，恒须先辟除榛莽，用层层上升之思路，以开拓其心灵，提升其境界。故西方式辩证法，实为昭示人生发展之历程之必需工具。柏拉图所谓辩证法使人打开灵魂之眼向上望，已一语道出后之西洋理想主义哲人，重视辩证法之秘。我此书之若干部分，实即本一辩证精神，以谈人生。然我乃东方人，根本缺乏西方人上界下界互相对峙之原始意识。我们对西方人上界下界之先划分而求合之态度，可根本不采取。西方式辩证法，唯可用于自下至上发展之历程，此历程一停止，其辩证法即用不上。故西方式辩证法与向上追求之人生态度为缘。西洋人向上追求之精神，至宗教上之天国信仰而平衡止息。然中国人无西方式之天国之信仰，则永远向上追求之人生态度，终使人坠入空虚，必当求内有所止。既内有所止，则西方式辩证法可用亦可不用也。

其次，我将略述我所喜爱印度、中国之人生哲学著作。东方人之精神形态，永与西方人不同。西洋人总是在那儿有所祈求向往，有所追求与捕捉，其心灵太不安，太动荡。哲学家亦如是，故很少能达心安理得之境者。西哲人格之伟大处，唯表现于其为真理而牺牲之精神，努力向上求超拔其现实自我之态度。然其努力向上之动力，或是原始的自然生命力。这生命力强悍迈往，滚滚滔滔，继续不懈，死而后已。故其一生，多可歌可泣，如巴斯卡、卡莱尔、菲希特、尼采、杞克果，皆其人也。然彼等既缺中国哲人自乐其道、自慊自足之心境，天机畅达，廓如太虚之胸襟；亦缺印度哲人闭藏内敛、渊默玄深之气象，度己度人、悲悯众生之心肠；故我对西洋哲人之精神，景仰之、心爱之，而不能顶礼之、膜拜之。虽柏拉图、黑格耳复生，我亦不能心悦诚服之，不愿倾吾之生命精神与之。然吾于孔子、释迦以及若干中、印哲人则愿。

关于印度哲人之著，我所喜者为佛学中般若宗之经，涤荡情见，使人意消，忘怀世务，心与天游。此与读西哲书觉理网重重，攀缘无尽，情志激荡，四顾彷徨，乃截然不同之二种境界。《般若经》浩瀚曼衍，说明一义，多重复文句，铺陈名相，或展卷终日，而理之推进者至少，人或不耐。然此正所以止息理智之攀缘，情志之动荡，引人入其境界，而游息其中。此外则《华严》一经，始于赞叹十方诸佛，共唱圆音，使人如顿入于永生之域。其归于论"无不从此法界流，无不还归此法界"之义，妙谛无边，谁有智者，而不顶礼。至于般若宗之论，瑜伽宗诸经论，虽曾略事研习，然有志深造而未能。《楞严》《圆觉》二经，虽经考为伪书，然我之哲学兴趣，多由之引起。其书之义理是非，愧未能辨，然二书谈理之层层深入，实我所喜爱。关于佛家思想，我虽愿承受，与本书所陈，无大关系，今不多述。

至于中国先哲之书，中国人无不童而习之。中国哲学著述，自以《论语》当先读。孔子温良恭俭之气象，仁民爱物之胸怀，孔门师弟之间，雍容肃穆，一片太和之气，无不可于此书见之。孔子极高明而道中庸，与柏拉图之欲由庸凡以渐进于高明不同。孔子之言，皆不离日用寻常，即事言理，应答无方，下学上达，言近旨远，随读者高低，而各得其所得。然以其不直接标示一在上之心灵境界，故读者亦可觉其言皆平凡，不及西哲之作，如引人拾级登山，胜境自辟。然"泰山不如平地大"，程明道此言，真足千古。在平地者谁知平地大？唯曾登泰山者，乃益知平地大。故必读西哲印哲书，而后益知中国先哲之不可及，知其中庸中之高明也。若夫未能读西印哲之书者，则读孔子之言，必须去其我慢，体会涵泳，优柔餍饫，亦终可受其潜移默化，而神明自得也。

孔子元气浑然，一片天机。孟子则浩气流行，刚健光辉；其所为言，皆截断众流，壁立千仞，直心而发，绝无假借。其性善之义，仁义内在之说，发明孔子之微意，从此为中国人生哲学，立下不拔根基。人皆可以为尧舜，而人格之无上之尊严与高卓，于焉建立。尽性即知天，而万物皆备于我，上下与天地同流，彻上彻下，通内通外，西洋哲学中内界外界、上界下界之分，皆成戏论。性具四端，人皆有之，推扩充达，念念皆分内事，止于自己之内，而祈望向往，无所归宿之空虚之感，无自而生。孟子之功伟矣。

孟子刚健光辉，乾道也；荀子博厚笃实，地道也。孟子高明，而荀子沉潜。孟子发强刚毅，荀子文理密察。孟子之言修养之方，透辟而未及精密，荀子则庶几乎密矣。荀子言性恶，虽有心能知道之义以辅之，而心性二元，未见其可。荀子化性以起伪，欲长迁而不返其初，以合于道，而道则心之所对。盖同西洋柏拉图氏之以至善为灵魂企慕之境界之说，然与孔孟之道，盖已有殊。

儒者之言以外，道家之老庄，游心太初，寄情妙道。其自现实超拔之心，同于西洋理想主义者，而无彼企慕祈望之情。其足以涤荡情见之效，与佛家同，而无彼永超生死苦海之悲愿。然循老庄之道，高者可以丧我忘形，返于大通，游于天地之一气；低者亦可致虚守静，少私寡欲，渣滓日去，清光日来。

先秦儒道二家，我所深喜。至于墨法二家，则觉其持论殊浅。两汉魏晋隋唐，代有哲人。唯王弼、僧肇，我深心赞美。宋明诸子，大均天挺人豪，真有所自得。濂溪、明道，尤所心折。明代阳明，简易真切，良知之教，独步千祀。阳明学派之龙溪、近溪，言心之灵明与精神，当下即是，须直接承当。江右学派罗念庵、聂双江之伦，以及明末高攀龙、刘蕺山等，则善能归寂通感，摄末归本。王船山大气磅礴，开六经生面。至于由明末以至今日，江山代有才人出，今不及述。

以上略述我所喜读东西人生哲学之著述，任笔所之，目的唯在表我景仰企慕之情，略述我对彼等精神气象及著作方式之直接感应，以介绍之于真求了解人生真谛者之前。我常感古之圣哲，以其天纵之慧，抉发人生价值，示人正路，天不生仲尼，万古如长夜，吾等生于千祀之后，诵其诗，读其书，能不怀想其为人？遥念圣哲，环顾群生，未尝不思有以自奋，然圣哲之道，微远难测，自顾行证未及，虽欲发其潜德幽光，亦口未言而嗫嚅。当今之世，唯物功利之见，方横塞人心，即西方理想主义已被视为迂远，更何论为圣为贤成佛作祖之教。故化世之言，唯有方便巧立，以严密论证，破迷祛执之事，亦不可不先有。私心想望，实在于此。正于此书所陈，不过略示端绪，要在以西方理想主义之精神，融于日常生活之体验，而以世俗之名言表达之。东土圣哲之教，则为其背景，隐而不发。然读者诚能虚心涵泳，亦可循兹以横通东西大哲之心。至融会百家，以开拓万古之心胸，则敬俟来哲。

三十二年六月十日

导言附录：我所感之人生问题 >>

本文原名古庙中一夜之所思。盖一随笔体裁。乃廿八年十月宿青木关教育部时所作。其地原为一古庙，以一小神殿，为吾一人临时寝室。当夜即卧于神龛之侧。惟时松风无韵，静夜寂寥，素月流辉，槐影满窗。倚枕不寐，顾影萧然。平日对人生之所感触者，忽一一顿现，交迭于心；无可告语，濡笔成文。此文虽属抒情，然吾平昔所萦思之人生根本问题，皆约略于兹透露。此诸问题，在本书虽不必一一有正面之清晰答案，然至少可见本书所以作之个人精神背景之一主要方面，故今附于导言之末。此文之情调，纯是消极悲凉之感，及对人生之疑情，与本书之情调，为积极的肯定人生者不类。然对人生之疑情与悲凉之感，实为逼人求所以肯定人生之道之动力，及奋发刚健精神之泉源。乐观恒建基于悲观，人生之智慧，恒起自对人生无明一面之感叹。悲凉之感者，大悲之所肇始；有智慧者若不能自忘其智慧，以体验人生无明一面，亦不能知智慧之用，此吾之所以附入此文也。吾所自惭者，此文中之悲凉之感，尚不免于局促，对人生无明一面之感叹，尚未至真切耳。

　　日间喧嚣之声，今一无所闻，夜何静也？吾之床倚于神龛之侧。吾今仰卧于床，唯左侧之神，与吾相伴。此时似有月光，自窗而入，然月不可见。吾凝目仰睇瓦屋，见瓦之栉比，下注于墙，见柱之横贯。瓦何为无声，柱何为不动。吾思之，吾怪之。房中有空，空何物也。吾若觉有空之为物，满于吾目及所视之处。空未尝发声，未尝动。然吾觉空中有无声之声，其声如远蝉之断续，其音宛若愈逝愈远而下沉，既沉而复起，然声固无声也。吾又觉此空，若向吾而来，施其压力。此时吾一无所思，惟怪此无尽之静阒，自何而来，缘何而为吾所感。吾今独处于床，吾以手触吾眼吾身，知吾眼吾身之存在。然吾眼吾身，缘何而联系于吾之灵明？吾身方七尺，而吾之灵明可驰思于万物。彼等缘何而相连，吾不得而知也。吾有灵明，吾能自觉，吾又能自觉其自觉，若相引而无尽；吾若有能觉之觉源，深藏于后。然觉源何物，吾亦不得而知也。吾思至此，觉吾当下之心，如上无所蒂，下无所根，四旁无所依。此当下之心念，绝对孤独寂寞之心念也。居如是地，在如是时，念过去有无量世，未来亦有无量世，然我当下之念，则炯然独立于现在，此绝对孤独寂寞之心念也。又念我之一生，处如是之时代，居如是之环境；在我未生之前，我在何处，我不得而知也；既死之后，我将何往，我亦不得而知也。吾所知者，吾之生于如是时，如是地，乃暂住耳。过去无量世，未有与我处同一境遇之我；未来无量世，亦未必有与我处同一境遇之我。我之一生，亦绝对孤独寂寞之一生也。吾念及此，乃恍然大悟世间一切人，无一非绝对孤独寂寞之一生，以皆唯一无二者也。人之身非我之身，人之心非我之心，差若毫厘，谬以千里。人皆有其特殊之身心，是人无不绝对孤独寂寞也。

吾念及此，觉一切所亲之人、所爱之人、所敬之人、所识之人，皆若横布四散于无际之星空，各在一星，各居其所。其间为太空之黑暗所充塞，唯有星光相往来。星光者何？爱也，同情也，了解也。吾尝怪人与人间缘何而有爱，有同情，有了解。吾怪之而思之，吾思之而愈怪之。然我今知之矣。人与人之所以有爱、同情、了解者，所以填充此潜藏内心之绝对孤独寂寞之感耳。然吾复念：人之相了解也，必凭各人之言语态度之表示，以为媒介。然人终日言时有几何，独居之态度，未必为人见也。人皆唯由其所见于吾之外表者，而推知吾之心。吾之心深藏不露者，人不得而知也。吾心所深藏者，不仅不露于人，亦且不露于己。吾潜意识中，有其郁结焉，忧思焉，非我所知也。我于吾心之微隐处，尚不能知，何况他人之只由吾之言语态度之表示，以推知吾心者乎？人皆曰得一知己，可以无憾，言人与人求相知之切也。然世间果有知己乎？己尚不知己，遑论他人？人之相知，固有一时莫逆于心，相忘无形者矣。然莫逆者，莫逆时之莫逆；

相忘者，相忘时之相忘耳。及情移境迁，则知我者，复化为不知我者矣。而人愈相知，愈求更深之相知，且求永远之相知。其求愈切，其望弥奢，而一旦微有间隙，则其心弥苦。同情也，爱也，均缘相知而生，相知破人心之距离，如凿河导江。同情与爱，如流水相引而至。人无绝对之相知，亦无绝对之同情与爱。不仅他人对己，不能有绝对之爱与同情，己之于己亦然。吾忧，吾果忧吾之忧乎？吾悲，吾果悲吾之悲乎？忧悲之际，心沉溺于忧悲之中，不必能自忧其忧，自悲其悲，而自怜自惜，自致其同情与爱也。己之于己犹如此，则人对吾之同情与爱，不能致乎其极，不当责也。

吾复思吾之爱他人又何若。吾尝见他人痛苦而恻然动矣，见人忧愁而欲慰助之矣。然恻然动者，瞬而漠然；慰助他人之事，亦恒断而不能续。吾为社会人类之心，固常有之，然果能胜己之私者有几何？吾之同情与爱，至狭窄者也。吾思至此，念古之圣贤，其以中国为一人、天下为一家之仁心，如天地之无不覆载，本其至诚恻怛之情，发而为言，显而为事业，皆沛然莫之能御。吾佩之敬之，愿馨香以膜拜之。然吾复念，古今之圣哲多矣，其哓音瘏口，以宣扬爱之福音，颠沛流离，以实现爱之社会，所以救世也。然世果得救乎？人与人之相嫉妒犹是也，人与人之相残害犹是也。试思地球之上，何处非血迹所渲染，泪痕所浸渍？而今之人类，正不断以更多之血迹泪痕，加深其渲染浸渍之度。人类果得救乎？何终古如斯之相残相害也？彼圣哲者，出自悲天悯人之念以救世，固不计功效之何若，然如功效终不见，世终不救，则圣哲之悲悯终不已。圣哲之心，果能无所待而自足乎？吾悲圣哲之怀，吾知其终不能无所待而自足也。吾每念圣哲之行，恒不禁欲舍身以遂成其志。吾固知吾生之不能有为也，即有为而世终不得救也。吾今兹之不忍之念，既不能化为漠然，舍身又复何难？然吾终惑世既终不得救，而人何必期于救？宇宙果不仁乎，何复生欲救世之人以救世也？宇宙果仁乎，何复救世者终不能得遂成其志也？忆吾常中宵仰观天象，见群星罗列，百千万数，吾地球处于其间，诚太空之一粟。缘何而有地球，中有如此之人类，而人心中有仁，人类中有仁人，欲遂其万物一体之志乎？宇宙至大也，人至小也；人至小也，而仁人之心复至大也。大小之间，何矛盾之若是？吾辄念之而惑不自解，悲不自持。吾之惑、吾之悲，又自何来，终于何往，吾所不知也。

吾思至此，觉宇宙若一充塞无尽之冷酷与荒凉之宇宙。吾当舍身以爱人类之念，转而入于渺茫。吾之心念，复回旋而唯及于吾直接相知直接相爱之人。吾思吾之母、吾之弟妹、吾之师友、吾未婚之妻，若唯有念彼等，足以破吾此时荒凉寂寞之感者。吾念彼等，吾一一念之。吾复念与吾相知相爱之人之相遇，惟在此数十年之中。数十年以前，吾辈或自始未尝存，或尚在幽渺之其他世界。以不知之因缘，来聚于斯土。以不知之因缘，而集于家，遇于社会。然数十年后，又皆化为黄土，归于空无，或各奔另一幽渺而不知所在之世界。吾与吾相知相爱之人，均若来自远方各地赴会之会员，暂时于开会时，相与欢笑，然会场一散，则又各乘车登船，望八方而驰。世间无不散之筵席。筵席之上，不能不沉酣欢舞，人之情也。酒阑人散，又将奈何？人之兴感，古今所同也。吾思至此，若已至百年以后。吾之幽灵徘徊于大地之上，数山陇而过，一一巡视吾相知相爱之人之坟茔，而识辨其为谁、为谁之坟茔。吾念冢中之人，冢上之草，而有生之欢聚，永不可得矣。

吾复念吾爱之弟妹，吾复爱吾之妻及子，吾之弟妹亦将爱夫或妻及子也，然吾之爱吾弟妹，及弟妹之爱吾也，及各爱其夫或妻及子也，皆一体而无间。而吾之子女与弟妹之子女之相待，则有间矣。彼等之相爱，必不若吾与弟妹之相爱也。爱愈传而愈淡，不待数百年之后，而吾与吾弟妹之子孙，已相视如路人矣。彼视若路人之子孙，溯其源皆出自吾之父母之相爱。吾父母之相爱，无间之爱也。吾与吾之妻子之爱，弟妹之与其夫或妻及子之爱，亦无间之爱也。缘何由无间之爱，转为有间之爱，更复消亡其爱，相视如路人？此亦吾之所大惑也。大惑，吾所不能解，吾悲之。然吾悲之，而惑之为惑如故也。无间之爱，必转而为有间之爱，归于消亡，此无可如何之事实也。吾果能爱吾疏远之族兄如吾之弟妹乎？此不可能之事也。吾缘何而不能？吾亦不自知也。人之生也，代代相循。终将忘其祖若宗，忘其同出于一祖宗，而相视如路人，势所必然也。

吾思至此，吾复悲人类之代代相循。"前水复后水，古今相续流，今人非旧人，年年桥上游。"数十年间，即为一世。自有人类至今，不知若干世矣。吾尝养蚕。蚕破，卵初出，如沙虫；而食桑叶，渐而肥，渐而壮；而吐丝，而作茧，而成蛾；而交牝牡，而老而死。下代之蚕，又如是生，如是壮，如是老，如是死。数日之间，即为一代。养数蚕月余，蚕已盈筐，盖蚕已易十余代矣。其代代皆循同一生壮老之过程，吐如是丝，作如是茧，化如是蛾。吾思之，吾若见冥冥中有主宰之模式，将代代之蚕，引之而出，又复离之而去。然此主宰之模式何物？吾不得见也。吾思之而惑，吾亦惑之而悲。吾今念及人之代代相循，盖亦如蚕之由幼而壮，而思配偶，而生子孙；异代异国之人，莫不如是；亦若有一主宰之模式，引之而出，而又离之而去，非吾所能见者；而吾则正为自此模式所引之而出，复将离之而去之一人焉。主宰我者谁耶？吾缘何而受其主宰耶？吾惑吾生之芒，吾惑吾相知相爱之人所自生之芒。吾惑之悲之，又终不能已也。

吾思全此，吾念人生之无常，时间之残忍，爱之日趋于消亡，人生所自之芒；更觉此宇宙为无尽之冷酷与荒凉之宇宙。然幸吾今尚存，吾相知相爱之人，多犹健在，未归黄土也。然吾复念，吾今在此古庙中，倚神龛而卧，望屋柱而思，不知吾之母、吾之弟妹、吾未婚之妻、吾之师友，此时作何事？彼等此时，盖已在床，或已入梦矣？或亦正顾视屋顶不能寐，而作遐思？如已入梦，则各人梦中之世界，变幻离奇，各梦其梦。梦为如何，吾所不得知矣。如亦作遐思，所思如何，吾更不得知矣。或吾所爱之人正梦我，正思念我，然我今之思念彼等，彼等未必知也。彼等或已念我之念彼等，然我今之念"彼等可有念我之念彼等之念"，彼等亦未必知也。吾今之感触于宇宙人生者，彼等更不必于是时，有同一之感触。吾念古人中，多关于宇宙人生之叹，吾今之所叹，正多与古人之相契。然古人不必知在若干年后，于是时，有如是之我，作如是念，与之相契也。在数十百年后，若吾之文得传于世，亦可有一人与吾有同一之感触，与吾此时之心相契。然其心与我之心相契，彼知之，我亦不必能知其相契与否也。吾于是知吾今之感触，亦绝对孤独寂寞之感触也。此时房中阒无一人，不得就我今兹所感触而告之。我今兹所感触，唯吾之灵明自知之。然吾之所以为吾，绝对孤独寂寞之吾也。吾当下之灵明，绝对孤独寂寞之灵明也。吾念吾此时之孤独寂寞，吾复念吾所亲所爱之人此时之孤独寂寞，彼等之梦其所梦，思其所思，亦唯于梦思之之际，当下之灵明知之。如彼等忽来至吾前，吾将告以吾此时之心境，而彼等亦将各告以此时之心境。然相告也者，慰彼此无可奈何之绝对孤独寂寞耳。相告而相慰。相慰也者，慰彼此无可奈何之绝对孤独寂寞耳。

吾念以上种种，吾不禁悲不自胜。吾悲吾之悲，而悲益深。然吾复念，此悲何悲也？悲人生之芒也，悲宇宙之荒凉冷酷也。吾缘何而悲？以吾之爱也。吾爱吾亲爱之人；吾望人与人间，皆相知而无间，同情而不隔，永爱而长存；吾望人类社会，化为爱之社会，爱之德，充于人心，发为爱光，光光相摄，万古无疆；

吾于是有此悲。悲缘于此爱，爱超乎此悲。此爱也，何爱也？对爱之本身之爱也，无尽之爱也，遍及人我、弥纶宇宙之爱也。然吾有此爱，吾不知此爱自何而来，更不知循何术以贯彻此爱。尤不知缘何道使人复长生不死，则吾之悲，仍终将不能已也。然此悲出于爱，吾亦爱此悲。此悲将增吾之爱，吾愿存此悲，以增吾之爱，而不去之。吾乃以爱此悲之故，而乃得暂宁吾之悲。

二十八年十月

第一部

生活之肯定

导　言

　　自本书立场言，人生之目的，不外由自己了解自己，而实现真实的自己。所以人首应使自己心灵光辉，在自己生命之流本身映照，以求发现人生的真理。其次便当有内心的宁静，与现实世界，宛若有一距离，由是而自日常的苦痛烦恼中超拔，而感一种内在的幸福。再进一层，便是由此确立自我之重要，知如何建立信仰与工作之方向，自强不息的开辟自己之理想，丰富生活之内容。再进一层，便是在人与人之生活中、人类文化中，体验各种之价值。最后归于对最平凡之日常生活，都能使之实现一种价值，如是而后有对生活之真正肯定。本部分七节，七节内各分若干小节：

　　一、说人生之智慧

　　二、说真理

　　三、说宁静之心境

　　四、说自我之确立

　　五、说价值之体验

　　六、说日常生活中之价值

　　七、最后的话

第一节
说人生之智慧

"人生的智慧，何处去求？"我们不应当发这个疑问。

人生的智慧是不待外求的，因他不离你生命之自身。智慧是心灵的光辉，映着水上的涟漪，生命是脉脉的流水。

只沿着生命之流游泳，去追逐着前头的浪花，你是看不见水上的涟漪的。

你要见水上的涟漪，除非你能映放你心灵的光辉，在生命之流上回光映照。

这是说，你当发展一个"自觉生命自身的心灵"，如是你将有人生之智慧。

你当映放心灵的光辉，来求自觉你之生命，反省你之生活。

你可曾凝目注视：在树荫之下绿野之上的牛，在静静的反刍？

你于此时便当想着，你对于你之生活经验，也当以反刍之精神，来细细咀嚼其意义。

如此，你将渐有人生之智慧。

人生是古怪东西，你不对他反省时，你觉无不了解。你愈对他反省，你愈将觉你与他生疏。正好像一熟习的字，你忽然觉得不像，你愈看便愈觉不像。

但是你要了解宇宙人生之真理，你正须先觉对之生疏。

你必须对宇宙人生生疏，与之有距离，然后你心灵的光辉，才能升到你生命之流上，而自照你生命之流上的涟漪。

你在欲对宇宙人生有真了解之先，你要常觉一切都有无尽意义潜藏，一切于你，都是生疏不可测。

对于一切都似乎很熟习的人，宇宙人生秘奥之门，永是为他们而关闭着的。

第二节
说真理

我说的话，似乎是陈旧的真理，但是真理莫有陈旧的。

真理总是千古常新，犹如朝朝海上涌出的初日。

当你觉着任何真理是陈旧时，你便要反省：陈旧是在你心灵的自身，真理的光芒，对于你是黯淡了。

你要澡雪你的心灵，对于真理，永远有新发现的欢悦。

你不要厌倦重复呈现于你心灵的真理，因为真理不重复时，错误便常常重复了。

其实真理从不会重复，犹如你生命的经验之从不曾重复。生命的经验永远新新不已。所以似乎一样的真理，每回与你相见，启示你新的意义，犹如朝阳，每日披上不同的霞彩。

你应当永远认识真理之新意义，而获得新真理。你将觉你所认识之真理之范围，逐渐扩大。你将觉新真理，自旧真理涌现出来，犹如胰子泡上的新花纹，随胰子泡之吹大，而自旧花纹之夹缝中，涌现出来。你将觉如行于千万顷田的阡陌之上，你明明看见前面纵横的阡陌，已交于一点。然而你走到时，他又是一新的开始。你将发现无穷的新真理。

你将接触真理之世界。

当你接触真理的世界时，你不要说你的心，把握了真理；你应当说真理呈现于你的心——这是绝对不同的两种态度。

当你觉得你的心，把握了真理时，你的心渐渐紧，行将闭了，真理将悄然地离开你的心。

当你只觉得真理呈现于你时，你的心便开了。真理将继续降临于你，真理的世界，将为你的家。

让真理呈现于你的心，你对于真理只有低头信受。

你可以吮吸宇宙之真理，如婴儿之吮乳，你将获得幸福。

你不必处处用思辨力去分析真理，真理最需要的是深心的体玩。这是说你所得之真理的知识，必须渗融于你之生活中。

真理的知识，犹如生丝，当浸润在充满意味的生活的水中时，自然条条清澈，宛转如画。

但一朝生活的源水，与之相离，知识也将如生丝之胶结。你纵有能分析的思辨力，去耐心细绎，你也不能回复他在水中时，那样的清澈了。

从体玩中印证过的真理，不会有错误。对于这种真理，你只须尽量开张你心之门户，让他更沉融于你生活中，不要想发现他后面隐蔽的可能的错误。因为当你疑惑真理会携带错误来时，你的疑惑便把真理送出门了。

这时你再向真理招手，你将如火车开动后的客人，你愈向月台上送别的人招手，你离开他愈远了。

你不必处处将你所认识的真理，以教训的态度来告人。

你处处对人持教训的态度时，你与人间已有了界限，真理不能经过两个有界限的心间之距离。

你当去宣露那呈现于你的心中的真理，让人自然的看见。

你不须用力举示真理，真理自己会举示他自己，而投到人们的胸怀。

当你宣露你心中所呈现的真理时，你不必依照一定之次序，纳入一太机械之系统。因每一真理，他自己都是一中心。当你把他隶属于一太机械的系统时，真理被你加上枷板，他将要企图逃走。

所以孤立的语句，表达真理，常能使真理放射其意义于各方面，而占据一精神的空间。而在一系统中的许多语句，常互相容让，以占据一精神的空间，以致许多语句，常互相限制其意义之放射。

每一真理都是一中心，真理世界有无穷的真理，所以真理世界，有无穷的真理中心。

然而你不能因此想象真理世界之无穷真理中心，是星罗棋布，互相分隔的。

在真理世界本身，一切真理是互相融摄，而有一绝对的真理为中心。

这绝对的真理中心，也许莫有人能完全告诉你，他是你求真理的心之归宿。

你觉得这绝对的真理中心，使你感到可望而不可即之苦吗？那末我可以对你说，这绝对的真理中心，即在你爱真理的态度之本身。

无穷的真理不只是多，因为你爱真理的态度只是一。

无穷的真理，在你爱真理的态度笼罩之下，互相渗贯。因为你爱真理的态度，在其发展的历程中，是前后自相渗贯的。所以包含无穷真理的真理世界本身之中心，即潜藏在你爱真理的态度里。

第三节
说宁静之心境

一　说宁静

人类灵魂最高的幸福，是他的宁静。

在宁静中，你的思想情绪，在它的自身安住。

在宁静中，你的性灵生活，在默默的生息。

在宁静中，你的精神，在潜移默运，继续的充实它自己。

在宁静中，你的人格之各部交互渗融，凝而为一，以表现于你自己心灵之镜中，而你的心灵之镜光，能自相映射。

二　说孤独

在群众中，你生活于当时的时代，在孤独中，你生活于所有的时代。

孤独的一个人，在一个人与莫有之间，蕴藏着无限。

在群众中，你不能认识世界的无限，因为你只注意别人如何认识世界，你只觉他人的世界在你之外，你的世界，被限制了。

在孤独中，你开始面对着苍茫的宇宙。

所见所闻所思的一切，在你孤独的时候，表现为你心灵的图画。

画轴的展开，依着你心灵内部的天枢。

心灵的光辉，自天枢纵横四射，运行浸润于无穷的画境。

你的孤独永远不会使你寂寞的。

三　说凝视

宁静使你充实，孤独使你无限，凝视使你在最平凡的事物中，认识最深远的意义。

在凝视之始，你的心灵与外境间，渐渐起了朦胧的轻雾。

世界带着面纱，向迢迢的天边退走。

你也似乎随着世界退走，忘掉了你的立脚之地。

忽然轻雾散开，日光映照下的万物，对于你分外的亲密。

"一片花影，将引起你眼泪不能表出的深思。"

"一颗沙粒，将启示你以永远的天国。"

心灵在其所凝视之事物中，它可以流注他全部的灵海之潮汐。

如是在任何平凡的事物中，它都可认识出最深远的意义。

四 说安定

安定的心灵，犹如太空，任白云舒卷，明月去来，它永不留痕迹，总是空阔无边，寂然不动。

你不要说：待我的什么问题解决时，我的心便安定了。

因人生总是有新的问题的。

你亦不要说：待我那些重大的问题解决时，留下的小问题，将不会如此扰乱我的心。

当你的重大问题解决时，你的小问题，便成为你重大的问题了。

你不能等待到某一时，心灵才求安定。

你等待的心理之本身，是向外驰逐的，他自己便会创造出你无尽之烦恼。

你要求安定，你必需当下就开始安定，除此以外，莫有第二条路。

五 说失望

你不要悲叹你的失望。

失望时，你发觉你所驰逐之物的幻灭。

你的心灵，在有的依恋与无的空虚间颤动。

你当反观你这心灵中之韵律。这韵律，是你当下的诗境。

你真能如此反观，你将暂忘了失望的苦恼。

因为你能反观的心，他自身是安定的。

你只要有暂时能反观失望而自身安定的心，便证明你是可以渐渐从失望中摆脱出来的。

暂时的安定，便可以扩张他自己，成永远的安定，因为他们是同质的。

假如在失望中，你不能由反观你的失望而获得真正的安定，仍可以保持你的乐观。

你要知道世界是万象的流转，你有限的生命，就流转的万象中，选择一部，以为爱恶，你是免不掉时时感到你所执取之幻灭的。

但是你可以随时掉换你新的祈求，任你所选择的之幻灭。

好比二三月瀑布上流的冰解冻，许多冰块向瀑布下奔流时，你所站立的冰块，虽马上快要为急流冲下去，你可以很快的离开那冰块，而踏上另一块。另一块快要落下，你再踏下一块。

于是，你纵然永远站在瀑布之旁，你永不致随波覆没。

你的失望使你幻灭，你新的祈求，又代替了你的幻灭。

如是你将能承担你一切的命运，而超越了命运。

你建筑乐观在悲观之上，好比搭一桥，你在桥上，可静观命运在你心灵中经度。

由此静观，你可以由另一途径获得真正之安定。

六　说烦恼

你不要为过去的事烦恼，那是上帝已写定的历史。

你不要为未来的事烦恼，未来的事尚未来，未来的你自己会承担其自身之遭遇。

对未来的你作准备的事，是现在之你的义务。

但是准备的工作之进行中，是莫有烦恼的。

假如此外尚有现在当前的事，使你烦恼；

你当分析你烦恼之事之内容，至于完全清澈，你必可求得一比较好的方法去解决他。

对于你比较好的方法，就是宇宙间唯一最好的解决你的烦恼之事的方法。

当你真在用一种方法解决你的烦恼之事，认真在处理当前的事之过程中，你也不会有烦恼的。

烦恼生于健全生命活动之停滞。生命之流，莫有一定之轨道，而瘀积，而乱流。你只要在当前的事中，找着一生命活动之方向，你必不会有烦恼。

这方向是可找着的，只要你反观你生命之流，如何瘀积，如何乱流，而加以疏导，他一定会集中于一方向的。

你必需战胜烦恼。烦恼使人生成为黯淡。生命犹如种子，他要企慕日光，必须自黯淡的泥土中长出。

七　说懊悔

你不要懊悔你的过去。因为时间之流，永不会逆转。

如果你之懊悔，是因你觉得你过去犯了罪恶，作事未尽责任。这是一伟大的忏悔，这可以把你带到真正之宗教道德生活去。这不是一般的懊悔。

你的懊悔，通常是觉得过去某事产生之结果不好，你憎恶那结果，你于是懊悔作那件事。

在此，你便要想，当时的你只能见及此，现在的你当原谅当时的你。而且或许以世事之参伍错综，当时的你不如此做，会发生其他更坏的结果。

当你懊悔过去时，你会疏忽你现在当作的事；未来的你，又会懊悔你现在了。

你承认过去之不可挽救，你一方在精神上似有一种退让；然而你同时自烦恼中超拔解放，而感另外一种精神的胜利。于是你可以开辟新生命于未来了。所以一个能不懊悔过去的人，被称为伟大的善忘却者。

八　说悲哀

你能避免烦恼，然而世间有不能避免的真实的悲哀，如：离别与死亡，那怎么办？

真实的悲哀吗？他来了，你当放开胸怀迎接他。

烦恼只是扰乱了你的心灵，真实的悲哀，洗去你其他的萦思，净化了你的心灵。

雨后的湖山，格外的新妍。你的视线，从真实的悲哀所流的泪珠，看出的世界，也格外的晶莹。

你将更亲切的了解世界了。

九　说苦痛之忍受

当你无法超脱烦恼失望，及其他一切不能避免的苦痛时，我不令责备你，人有他无可奈何的时候的。

但是，你当知道人心灵之深度，与他忍受苦痛之量成正比。

上帝与你以无可奈何之苦痛，因为他要衡量你心灵之深度。

苦痛之锄挖你的心，在你心上，印下惨刻的锄痕。

上帝就在你的心田之锄痕处，洒下他智慧之种子。因为在苦痛中，你的心转回来看你生命自身了。

青青的苗芽，自锄痕深处，日渐萌兹，你的智慧之花，将要开了。

十　说快乐与幸福

你不能忍受过多的苦痛时，你需要快乐。

但是你当使你的快乐是严肃的。

你须要在快乐中，保存你内心之宁静。

那是你精神的高贵之最好的象征。

你永不可化你的快乐为狂欢。

或者你为解除你深心的忧郁，你有时会需要狂欢，因为他可以在一刹那间，烧化你深心的忧郁。

但是你必须在第二刹那，就要舍弃他，如急流中之勇退，而回复你精神之高贵。

不然在狂欢以后继起的心态，必然是你永不能填补的空虚。

其次你须知道，人间的幸福常把人的精神往地上拖，而苦痛则如一鞭子，鞭人精神往深处走。

所以一切求精神上升的人们，无不感觉他所得之一些人间的幸福，常是一精神的负担；觉一切崇高的荣誉、美满的爱情、舒适的物质生活，足以窒息其心灵的呼吸，而愿自动的逃避他；或在心灵中自己筑成一防线，以防幸福之享受，将其精神向下拖。

但如你精神真能支配你一切生活，你也可以不怕一切幸福之来临，你也可以求一切人间的幸福。

因为一切快乐与幸福之生活中，均有一种生命力之饱满之感，你可以转化此生命力，为你精神上升之生命力。

然而你若真是在以快乐幸福为生命力之泉源而求他，你将永不愿溺沉在幸福与快乐中。你对快乐幸福，将永取积极之利用态度，而不是消极的享受态度。

如你不能对于快乐幸福取积极之利用态度，以帮助你精神之上升，你便宁肯选择苦痛来磨练自己。对于快乐幸福之自然的来临，你也永不要撤消你心灵内部之防线，以免他使你精神下坠。

还有你当知道，快乐与幸福是一古怪东西。

他常如你之影子。当你追赶他时他走了；你当决心远离他而逃跑时，他反来追赶你了。只有静静地踏着自己之影子者，才能获得真正的快乐与幸福。这是说真正的快乐与幸福，在你能体验你自己内部生活之价值与意义。

十一 说宁静之突破

人类灵魂最高的幸福，是他的宁静。

我们当努力保存我们内心的宁静。

但是我们不可视我们已有的内心的宁静，当作已完成，而自足于其中。

无论什么好的心灵境界，当我们视之为完成而自足于其中时，他便成为我心灵本身之桎梏。

人常为要使其心灵往深处走，求其内心之宁静，而自己筑成精神的围墙，来与世俗隔绝。然而此围墙，又常常会窒息一人之心灵，与他人心灵及世界间之呼吸，而将其心灵闭死。

你必须能突破已有的内心之宁静，并愿经度一切生命之狂涛。唯有在逆浪翻腾中，你仍能安定的掌着你心灵之舵，你的内心宁静，才是真正的内心之宁静。

在你徜徉于大自然时，在你默坐于室中时，那种内心之宁静，你必须突破它。你当从事于人生之各种活动、各种工作，看看你能不能于其中获得内心之宁静，表现你精神之独立与自由。

一个有勇气去经历世界之狂涛，体验人生各方面的意义价值的人，可以说是以他之生活经验为饵，去钓取人生智慧的人。

第四节
说自我之确立

一 说唯一之自己

在无穷的空间、无穷尽的时间中，你感到你的渺小吗？

你便当想到你能认识广宇悠宙之无穷尽性，你的心也与广宇悠宙一样的无穷尽。

其次，你要知道，你的身体，亦非如你所见之七尺形骸。

你呼吸，你身体便成天地之气往来之枢。

在你身体内，每一刹那有无穷远的星云之吸引力，在流通。

在你身体内，有与宇宙同时开始的生命之流，在贯注。

你身体是宇宙生命之流的河道。宇宙生命之流自无始之始，渗透过你身体，而流到无终之终。

你生命之本质来自无始之始，终于无终之终。同时你如是之生命，是一亘古所未有，万世之后，所不能再遇。

你犹如海上的逝波，你一度存在，将沉没入永远之过去。

你感到人生之飘忽吗？

然而如是之你是亘古所未有，万世之后所不能再遇，这即证明如是之你，是唯一无二的。

你之唯一无二，使你之存在有至高无上之价值。

因宇宙不能莫有你，他莫有你，他将永无处弥补他的缺憾。

宇宙莫有你，他将不是如是的宇宙，如是的宇宙，将不复存在，

你要珍贵你唯一无二之人格，如是的宇宙，依赖你而存在。

二　说信仰

唯一之你，必需信仰唯一最后的东西，为你精神之所归依，而你生命之流永绕着它环流。

这最后的东西，你可永不能证明，因为一切的东西，都赖他而证明。但是你可不需其他任何的证明，你愿意信仰他，就是唯一的证明。

你不能说你找不着你愿意信仰的。

因为在你未自杀以前，你是愿意生活的。

你可反省出你生活中，有你所最爱的，认为最好的，你必愿意信仰这个。不管你所爱的所认为最好的，其客观的本身价值如何低微，你只要真正把它化为信仰的对象，而明白认识其中所包含的价值之自身时，它必将引导你去信仰包含更高价值的东西。

因为一切价值，联系成一由低至高的层叠，低的价值永远是向上翻抱，而融入高的价值中，信仰就是提升你价值认识由低向

高的力量。

你应种下一信仰于你之心田，看他如何提升你之价值认识，使你精神发芽滋长。

同时你当对你精神之发芽滋长，自抱一虔诚的期待，犹如一小孩种下一豆在地上，而日日去看他那样，对生命之发芽滋长，抱一虔诚的期待。

三　说工作

你必需为实践你的信仰而工作。

在工作中，你的信仰之内容，获得了他客观的形式，发现了他的身体。

你的信仰，在工作中，把它自己凝结，而更坚固了，所以你必需信仰工作。

信仰工作，即是信仰信仰它自己。

你必须信仰你的工作，你必须自认你的工作，有绝对之价值。但你工作之绝对价值，不是拿你的工作，同他人比较之结果。同他人比，你工作之价值，永是相对的。

你当明确的认识你的工作，都是实现一种非你去实现不可、唯有你能实现的价值。

因为你是唯一无二之人格，所以你的工作，亦是唯一无二的。

如是，你将自认你的工作之自身有绝对之价值。

如是，你之信仰，成绝对的信仰，你之信仰，在其自身，完成它自己了。

你只当为实践你信仰而工作，为信仰完成它自己而工作。工作隶属于信仰，信仰隶属于你唯一之自己。

你不息的工作，为的开辟你唯一之自己。所以工作之意义，不在其所有之结果，而在工作本身。

方你工作时，你唯一之自己，在逐渐开辟。你必须反观你唯一自己在逐渐开辟，逐渐扩大。那是你唯一之获得，别人永不能夺取之获得。

四　说羡妒

你羡妒他人，因为你想同他人一个样子。

你真是想同他人一个样子，而后有羡妒吗？

其实不是，因他人并不羡妒他自己。

你羡妒他人，因为你是你自己，而又想同他人一样，你自己造出内在的矛盾，你才产生了羡妒。

你真是你自己，又何以要同他人一样？你丧失你唯一的自己了。

你羡妒人，你的本意，是要扩大你自己。

但是，你误认了你之所有为你自己。你觉他人所有多于你，以为扩大你之所有，同他人一样，即是扩大你自己。如是你有了羡妒。

但扩大你之所有，不等于扩大你自己。扩大你之所有，你自己不曾扩大，你仍然感觉空虚。所以当你获得他人所有时，你又产生其他的羡妒。

不是因为其他可羡妒之物，又在诱惑你；是你自己内部的空虚，逼迫你自己去求充实他。

但是你走错了求充实的路，你误认你所有的为你自己，你将永不满足。

回到你唯一的自己，扩大你真正的自己，你将远离一切的羡妒。

五　说自强不息

什么是真正的自强不息？你无论何时不要念你之有所得。当你的心念外部之所得时，实际上你的心，已为你"外部所得者"之所得，你的自动，成了被动。

连你内部心灵之逐渐扩大，你唯一之真正获得，你亦不当念他。因为当你念他时，你会停滞了你心灵之继续扩大的努力。

自强不息，是一永远创造，永不感有所蓄积之态度。

自强不息的心灵，是一绝对无依之心灵。

六　说价值理想之无穷

自强不息，也不是一绝对无依之心灵，因为他依于无穷之价值境界，他是要实现无穷之价值理想。

你觉得无穷的价值理想之实现，不知从何处开始，使你感着渺茫同畏怯吗？

你便要知道，在你生活中一定有你认识而未实现之价值理想，你努力去实现他，便是你的开始。

当你已实现他时，新的价值理想，自会呈露于你之前。犹如你登上你先望见的山时，再前山的境界，便不复渺茫了。

无穷尽的价值境界，依着次序展开，你只要有无穷尽的努力，是可以穷尽价值境界之无穷尽性的。无穷的价值境界，不在你的心以外；实现无穷的价值，只是实现你无穷的自己。你将有真正的自尊。

七　说生活兴趣之多方面化

你要努力去实现无穷的价值理想，你必须不怕你生活之内容丰富，生活兴趣成为多方面。

你的心感着多方面之兴趣，如明月之留影在千万江湖。

这并不会扰乱你的心内在之统一，因明月虽留影在千万江湖，其本身仍长住碧空。

你不要以为多方面的生活，将使你对于每一种生活之意味或价值，不能深切的感受。

在真正严肃的生活态度里，各种形式之生活内容，是互相渗透，而加其深度的。

所以你所体验之生活之意味愈广，你所领略感受之生活之意味亦愈深，犹如你所见的空间愈广，则所见空间当愈深。

八　说理想兴趣之冲突

在不同的价值理想间，各方面的生活兴趣间，有时会免不了冲突同矛盾，这将如何解决？

唯一的解决法，是反省当下时间空间中，所容许你实现的最好的理想，可满足的最好的生活兴趣。

当下的时间空间中，一定有他唯一能容许的、你所欲实现的比较最好的理想，或欲满足的最好的生活兴趣的，只要你耐心去发现它。

你可先发现它，先实现它、满足它，然后去实现满足其余的。

你要知道这不是你失了自由，受了时空的限制。

恰恰相反，当你以当下的时间空间，作满足你生活的兴趣、实现你理想的坐标时，你的生活才有了重心。

你的心灵才不复是一梦游者，而在实际宇宙中生了根，同时赋与实际宇宙以精神的意义，成了实际宇宙中的电台，集中你精神的电，而转输于全地球。

你的心灵，生根于实际宇宙，赋与实际宇宙以精神的意义，你的心灵，才成为实际宇宙的主宰，而获得真正的自由。

九　说当下的满足

也许有的时候，环境会完全不容许你实现任何的理想，满足你任何的生活兴趣。

那你便当推阐我们前所说的工作之意义即在工作自身的话，而明了努力于理想之实现，努力于生活兴趣之满足的意义，亦即在此努力自身。

只要你真正的努力，若得不着结果，那由外在的环境去负责。只要你能对于你之真正努力，有充分自觉的体味，你将发现，你的理想，已实现在开始努力的一刹那，你的生活兴趣，在此一刹那中完全满足。

只是对于你之努力之充分自觉的体味，你常常是做不到的。

十　说自杀

还有的时候，你将遇着对你同样好，而绝对冲突的理想，在同一时空内，要求你实现它，你不能分出其先后之次序，而环境又只容许其一，这是你无法解决的问题。

但是这时你立刻发现，你之不同时实现两种同样好的理想，由于你的心身，是有限的心身。

你的心身之有限性，使你不能实现两种理想。你的心身之有限性，阻碍两种理想之实现。它是罪恶之原始。于是你悟到自杀之必要。

但是实际上，一切绝对冲突的理想，决不会真正是对你同样好。

你若能耐心去衡量比较，一定会慢慢发现其中之一，是比较好。你将觉得你仍当留下你的生命，去实现那比较好的理想。不过，在未发现孰为比较好之时，为要同时完成两种理想，而不惜你的生命，你是能忠于你之全部理想的。所以一个因此而能下最大决心去自杀的人，也是可赞许的。

十一　说自杀之失败

你用了最大之决心，去断绝你之生命而自杀。然而在自杀之际，你可为了更大的人生义务之未尽，或以求生意志之不能征服，或他人救了你，而自杀不成，是为自杀之失败。

我们说一个曾决心去自杀，而又经验自杀之失败，再重新建立人生的人，将成一最有勇气的人。

人只在生命存在之际，不能真了解生命之意义。只有自觉的走到生命之边缘，而在生死之际挣扎，了解死生之际的人，才能真了解生命之意义；犹如只有走到海边的人，才能真了解大地。

只有战士与自动拖着他生命历史，去奔向虚空的自杀者，他才能真了解什么是他全生命的死生之际。

所以一个自杀者，如果自杀失败而复生，他于复生后，便能再来回顾他所拖去奔向虚空之全生命历史，他便能真自觉其全生命史中之价值与意义，而以之为建设新人生之资本。这些资本，是已让与虚空，而重新获得之意外的资本。

他自虚空中取回之资本，他不把它重沉入虚空。于是他将尽量用此资本，投资于未来之生命史中，而能冒一切危险而不惧，他遂可成为最有勇气的人。

十二 说内心矛盾冲突之价值

我们虽然说明了你的一切理想兴趣之冲突矛盾，都可以解决，我知道你仍然怕有内心之矛盾冲突，于是当内心之冲突矛盾来时，你莫有勇气去承担。

你可以说，纵然我们能解决一切内心之冲突矛盾，然而当我们感受内心冲突矛盾时，我们内心的统一，被撕毁向四方分裂，虽然最后得了解决，我们生命的力量由冲突与矛盾，而互相抵消，因之变微弱了。

然而你的话，根本颠倒了事实。

说矛盾冲突，使你生命力量薄弱，非全无理由，但这由于你未彻底解决你之矛盾冲突。你若真解决了你之矛盾冲突，你将觉你所感一切矛盾冲突，皆所以更充实你内在的自我，而使你生命力量更强。

你的矛盾冲突，使你生命力薄弱，犹如两股水之互相冲激，使他们的水力都不能利用。但是只要两股水，由互相冲激而渗融了，向一河道流下去时，他们的力量，却必然的远较平静的两水之混流，所发生的力量为大。

十三　说留恋

你永远努力实现理想，求生活兴趣之扩张，然而两个东西拖着你，一是留恋，一是疾病。

留恋使你最难堪，因为他表示一种有价值的东西之不复存在，你是爱有价值的东西的。

儿时的欢笑听不见了，青春的喜悦不再来，壮岁的豪情已消失了，一段一段的生活经验，向迷离的烟雾中沉入。

你愈是捕捉他，他愈是远——远——

你在时间之流中荡着行舟，只看见烟雾迷离中的舟行之迹，再也不能溯回。

过去不能重来，现在也要过去，过去又似一无底之壑，它将吞尽我们生命自身之流水。

但是你错了！

一度存在的东西，便是永远存在的。

你的生活经验不重来，因为他长住在你曾经验的时候。

他永远在你经验他之时。

亦即永远在你经验之中。

过去的欢笑、喜悦、豪情，永远在你心之深处，灌溉你生命之苗。他们似乎离开你，为的要让位你的新经验，使你开更灿烂的生命之花。你不能努力你的现在生活、未来生活，只留恋他们，你孤负他们离开你的意义了。

十四　说疾病

你不要只诅咒疾病。你要想想，为什么在病后觉一切的风物分外的清新。这证明在疾病中，你精神之渣滓，随疾病而倾泻了。

疾病呼召你的精神，从外物的世界，到你的身体，凝注你精神于身体中；然而他同时使你感到你的身体，对你精神是种束缚，是赐与你精神之痛苦的。

你的精神，因而认识充实革新他自己，以求得自由之必要了。你的精神，于是在你不知的境地，开始作充实革新他自己的工作，把他内部的渣滓，自行倾泻。

如是你在病后总感到一新生命的开始。

所以如你在病后不能开始你的新生命时，必是你的精神自身病了，那需要精神之药物。

第五节
说价值之体验

一　说价值之体验

你努力实现价值，你必需体验价值。

你必需在自己存在的事物中，现实的事物中，去看出价值，发现价值。

你必需把当前宇宙视作充满价值之实现的境地。你必需知道凡是存在的东西，在其最原始之一点上，都是表现一种价值的。

当你把现实的存在与价值分离，只视价值为个人内心的灵境时，你所体验的价值范围太狭小了。

你最后将觉唯有你个人实现价值之孤心，长悬天壤，除了那真善美之价值世界之自身，你不知你的心将寄托于何所，因现实的存在，在你看来都是丑恶的，反乎价值的。你不能忍耐你深心的寂寞时，你自己实现价值之努力，也将松弛了。

所以你必须自现实的存在中，去发现价值，在产生一切罪恶的事物中，去发现价值，犹如在污池中去看中宵的明月。因为一切产生罪恶的事物，其所以能存在之最原始的一点，仍依于一种价值。

我们是爱有价值者，我们带着期望的心，随处去发现价值。在最平凡的人与人相处间，在最简单的日常生活中，与在人类高尚的文化努力中，我们当同样求了解体验其价值。

我们姑且先忘掉世间之一切丑恶吧，我们将觉到宇宙人生原是这般可爱的了。

二　说人间之善

你觉得人与人只有互相残害，人间世是冷酷的吗？

你错了，在根本上，人与人是互相亲爱的。

你可曾想：人相见招呼时，总要微笑，是因为什么？

这自然的微笑，表示人根本上是欢喜他的同类的。

微笑之下，也许掩藏着互相利用的心理，良善的语言后面，有人们的私欲。

但是，人们必须以良善为面具，这是证明了人们是忘不了良善的。

世间也许有不爱名誉、无恶不作的小人，也许他还会以他的罪恶自豪，说他敢于为恶。

但是他如此说时，他的内心，已自以为他如此作是对的了。

"对"的观念，他始终忘不了。

他自以恶为对的，所以他为恶了。

他误以恶为善，所以他为恶了。

他依于根本的人类向善之心，而后有为恶之事。

恶人的善端不能绝，所以恶人都是可以为善的。

你只要使恶人不复以他的恶为善，他将为善了。

人们善"善"，善以其自身为善，善自己肯定它自己。

人们恶"恶"，恶以其自身为恶，恶自己否定它自己。

善最后是要胜利的。你真如是信仰，你将不会感觉世界永远充满罪恶了。

三　说世界之变好

假如你问我现在充满罪恶的世界，真可以变好吗？

我的答覆是，你先问你自己可以变好吗。

假如你的好者亦可坏，你的一切之好可以丧失，世间莫有任何的好，不可以丧失；因为好的种类虽不同，好之为好，总是一样的。

假如你的坏者都可变好，世间莫有任何的坏，不可以变好；因为坏的种类虽不同，坏之为坏，总是一样的。

所以只要你好，世界便可变好，因为扩大你的好，便成世界的好。世界之好坏，不系于世界本身，而系于你自己。

假如你问我，你自己可以变好吗？我仍可与你以答覆，

答覆是：你可以变好的。

因为当你问世界可否变好时，你是希望世界变好，怕世界终不会好。

你问你可否变好时，你是希望你好，怕你自己终不会好。你对好坏无所取舍时，你不会发生这问题。

你发生这问题时，你已在取好舍坏了。

你反省你当下的心境，你必承认我的话，

你在取好，你在向好，我相信你可以变好的。

如是，你当相信世界真可以变好的。

四　说谦恭

人格的建立始于自尊，然而我们对人仍应有一般的谦恭礼敬是为什么？因为真正的自尊者，必同时能了解他人亦为一自尊者，因而必能尊人，而对人有谦恭礼敬的。

而且真正的自尊，出于自己对于自己向上精神之自觉，自觉自己之向上精神通于无尽之价值理想。然而人有如此之自尊时，同时也自觉自己未实现这些价值理想，自觉自己有未实现之更大之善，于是会自然的想到：也许有许多更大之善，已实现在别人之人格里。

我们不能证明：别人的人格中无更大之善之实现，因为我们永不能了解别人心灵之全境。

而我们爱善之实现的心，却常无间隙的逼迫我们，使我们与人接触时，在第一念中不容已的相信：那更大的善或已实现在别人之人格里。于是我们自然的常觉着别人的人格价值或高于我，所以我们对于普通人都有一般的谦恭礼敬。

这是人与人见面时，不假安排的会互相点头的真实原因。

我们把这种礼节，只视作社会的习俗，人与人互相容让之象征，那不算了解这种礼节之真实义。

我们自然发出的对人谦恭礼敬之态度，会施于不值得我们对他谦恭礼敬之人。然而我们纵然发现了别人人格之低微，我们仍当有表面的礼节。这也不能只视作社会的习俗。

这因为我们相信，别人人格是独立的人格，他永远有实现更大之善之可能，我们必须对别人此种向善之可能礼敬。

这是表面的礼节，有时不能避免的根本义。

五　说相信人

当你同人接近时，莫有十分确切的证据，你不要想他也许有不好的动机，这不仅因为你误会而诬枉人，你将犯莫大的罪过；

而是因为当你的根本人生态度，是向善的时，你的第一念，必是想他人亦与你同样的好善。

你必是常常希望看见他人之善，你将先从好的角度去看人。

当你先从不好的角度去看人时，你要反省：你的精神在下降了。

真正的对人之相信，犹如真正的谦恭礼敬，都是由我们爱善之心自身流露出的。他们是原始的心情。

我们不是先发现人值得我们对他谦恭礼敬相信之处，而后对人谦恭礼敬，对人相信。

我们是先有那原始的对人谦恭礼敬、对人相信之态度，而后能发现人之值得我对他谦恭礼敬、对他相信之处。

假如我们根本是缺乏那原始的态度，纵然别人有值得我谦恭礼敬与相信之处，我们也会看不见的。

你要想发现值得你对他谦恭礼敬的人，你须有自然发出的对人谦恭礼敬的态度；你要想发现可相信的人，你须先有愿相信人的态度。

也许有一天你发现你所信的他人，其好都在表面，其内心不可问，你没有法相信他了。

但是你最好仍是指出他表面的好，向他表示我相信你是向好的。因为他还要表面的好之一点，确是好的。

你相信他是如此，他也将相信他自己是如此。

他表面的好，将从他心之外层，沉入他心之内层。

人与人间的嫌隙，常由彼此疑虑而生。人与人彼此复疑虑着：别人对我已有不可解之嫌隙，于是使彼此之嫌隙，成真不可解。

彼此疑虑，造成更多可疑虑之事实；彼此互信，也造成更多可互信之事实。

六　说宽恕

你对人应当宽恕，因为也许他人之对你不好，不同于你，由于他在努力于你所未见的更大的善。

纵然你十分自信的知道别人之对你不好，不同于你，是他犯了罪恶同错误，你也当宽恕他。

因为他的遗传、习惯、教育，只能使他这样子。

假如他真可以好一些，他实际上当已经好一些了。

假如你希望他好一些，这责任便在你身上。

这希望不是你所发出的吗？

世间有最不宽恕他人的人，这样的人，我知道你最难宽恕他。

但是当你能宽恕最不宽恕他人的人，努力使最不宽恕他人的人，成为宽恕者；你的宽恕，成最伟大的宽恕了。

七　说恶恶与好善

你当自好的角度看人，你当相信人都可变好，对人谦恭宽恕。但是你在与人接触时，突然发现隐藏于善的面目下之罪恶，看见恶人毁灭了真正的善人，你亲切的感到你所爱的善之丧失，你必然忍不住你的义愤。

当你归来默坐时，你可以想一切恶人未尝无向善之机，恶人本身亦是可原谅的，以致你可对恶人之犯罪，生一种悲悯。

然而因为你之更爱已实现之善，你永远不能制止你明朝遇见同样的事时，将发生同样的义愤。

所以为了好善，你必然将去作扶持善人、惩治恶人之事。如其不然，你决不是真正好善者。

只是你永不可忘了你之恶恶，出于你之好善，你永不可为恶恶而恶恶。因为当你为恶恶而恶恶时，你的心只以恶为对象，向它投射你的恨恶。于是当你恨恶"恶"，而不能去它时，你的恨恶达不到它的目的。它失败了，它必将退藏而收敛。——因为一切向外的情绪之本质，都是如此——最后你将觉恶并不值恨恶，你自己将与恶调协，以至同化于恶。

八　说了解人

你当了解他人，以你的心贯入他人的心。

但你当先了解自己，因为你只能根据你自己，去了解他人。

但是你必需根据你对于你自己的了解，去了解他人，你才能真了解你自己。

因为在你去了解他人时，在他人中，你才看见你自己的影子。

你真能了解他人，你便能使你自己为他人所了解，因为你的心是开的。假如你不能或不愿被人所了解，这证明你的心有墙壁，透露不出你心之光辉。

有墙壁的心，是不能真了解人的。

当你不能为人所了解时，你不要即据以证明自己之伟大。伟大的日光，决不会使卑暗的地方，看不见他。

真正的心之光辉，流入他人的胸怀，如水银之泻地，是无孔不入的。

你要衡量你了解人的程度吗？你须先衡量，你愿被人了解，与能被人了解的程度。

九　说隔膜

人与人在某些事上，在一个时间中，是可以不相了解的。

你的心开了，但是他的心总是牢牢的闭着。

你觉得人与人间的隔膜，是最大的悲剧吗？

但是他的心闭着，你的心当更尽量的开。

他不了解你，你当更尽量的了解他，

当你了解他何以不能了解你时，你便不当再勉求他了解你了。

你勉求不能了解你的他了解你，你便不能算真正了解他了。

而且你要知道，没有一种事情上的隔膜是永远的，只要大家都有真诚的心。

他的心闭了，但是人的心，不能永远闭着，那会将人闷死的。

还有，任何关闭的心，必有他的窗户。

你的心绕着门墙寻找，你必可觅得他的窗户。

你只要跳入他心之窗户，循着路道，你一定会把关闭的门打开。

所难的是，你也许寻不着正当的路道。你困在他心之黑暗处。但是你有你心之光来照耀——这就全看你心光之大小了。

十　说语默

你应当谨慎你的言语，因为它是你灵魂的声音。

你不能说诳。你说诳，不仅欺骗他人，欺骗自己；你说诳是利用了言语，言语将要对你报复。

报复的方法，是当你需真实的言语，来代表你灵魂的声音时，你会将缺乏适当的言语。

因为你说诳时，你的心与言语分为二，言语便会继续与你的心分为二了。

你应当节制你的言语，因为常常沉默是最大的言语。

你不要以为沉默，将使你失去与他人交通之媒介。

因为你的精神在不言语时，他自己会去寻求更好的表现工具。

你的目光、你的呼吸，都能更强有力的传递你心灵的消息，给与你真实的朋友。

十一　说爱

人间的结合，最高的，是爱的结合。

爱是相爱的人的生命间之渗融者、贯通者。

爱破除人与人间之距离，破除人与人间各自之自我障壁，使彼此生命之流交互渗贯，而各自扩大其生命。

所以爱里面必包含着牺牲。牺牲是爱存在之唯一证明。

人类个人与个人间之爱，最真挚有力的，是父母对子女之爱，因为这是生命原始爱流之顺流而下。

最肫恳可贵的，是子女对父母之爱，因为这是生命原始爱流之逆流而上。

最深长隽永的，是兄弟姊妹之爱，因为这是生命原始爱流之枝分派衍。

最细密曲折的，是夫妇之爱，因为这是一生命原始爱流，与另一生命原始爱流之宛转融汇。

最复杂丰富的，是朋友之爱，因为这是不定数的生命原始爱流之纵横错综。

这五种个人与个人间之爱，你至少必须有一种曾真正体验，不然，你须忽然悟到超个人与个人间之爱；再不然，你生命的泉源，将枯竭了。

十二　说离别

在爱里面，生命与生命相渗融贯通，成一整体，离别与死亡又撕碎他，然而你仍不当只看见此二者之负面价值。

你当知离别与会合，是人生应有的节奏。

在离别后的忆念中，你的情思向空中抛掷，但听不见它的回音，它无所系着，又重落到你的心中，但是它落得更深；所以离别愈久，将蕴蓄更丰富更深厚之情思。

待重会时，它流到你所亲的人之心里。

十三　说死亡

亲爱的人死亡，是你永不能补偿的悲痛。

这没有哲学能安慰你，也不必要哲学来安慰你，

因为这是你应有的悲痛。

但是你当知道，这悲痛之最深处，不只是你在茫茫宇宙间无处觅他的音容。

同时是你觉得你对他处处都是罪过，你对他有无穷的咎心。你觉得他一切都是对的，都是好的，错失都在你自己。

这时是你道德的自我开始真正呈露的时候。

你将从此更对于尚生存的亲爱的人，表现你更深厚的爱，你将从此更认识你对于人生应尽之责任。

你觉唯有如此，才能挽救你的罪过于万一。

如是你的悲痛，同时帮助你有更大的人格之实现了。

十四　说爱与敬

真正的爱，是爱他人的生命，同时是爱他人的人格。

他人的人格，是独立自主的，都是价值之实现者，都可以实现无尽之善，上通于无尽之价值理想。

所以爱里必需有敬，爱当同时包含敬，你施与人的爱与敬，必须平衡。

假如你施与人的爱，过于你施与人的敬，他人在你热烈的爱之卵翼下，虽然感到你洋溢的爱流，可与他更多的温存；他会同时感到你的爱对于他的自尊心，是一种压迫；他或许会感一种不可名言的苦痛。

其次，你敬他人的人格，是因为他可以实现无尽之善，上通于无尽之崇高的价值理想。然而你之敬他人，本于你之爱他人，你真爱他人，你当使他人成为更可敬。你当努力帮助他人实现其无尽之善，无尽之价值理想，以完成其人格，这是你对他人最深的爱。

爱通过敬，而成了最深的爱。

爱通过敬，而完成它自己，成为真正的爱了。

十五　说对人之劝导

当你的爱通过敬，而以完成他人人格为目的时，你对他人之过失，当不惜严厉的劝导。

但是你必需深切认识人之犯过失，其最初的动机都不是坏的。一切过失都生于流而忘返。所以犯任何重大过失的人，你假如问他，他都可以找出一好的理由，为他全部过失所依而存在的。所以你最好的劝导人的方法，是先去发现他所认为善的，并承认他，而加以启发。

因为人类的一切善行、善观念，决不是互相分离。在本质上，永远是互相流通、吸引、升化的。你只要能深察道德意识之本质，你一定可以指给他看，对他说：你所认为善的，如果真要完成，便必需连带具备其他的善行、善观念，而改掉你的过失。

有时，你也可以因为他所认为善者，为他全部过失之保护，你要改造他全部过失，你须先摧毁他所认为善者。但是你必须先估量确实，你一定可拿更高的善之观念代替它，或他的内心定可涌现出其他的善之观念。不然，你摧毁了他所认为善者，他将自甘堕落，而以其堕落本身为善。

启发是劝导人最好的方法。启发时须避免明显的言语，而用暗示的言语。这不是只为顾念人之自尊心。因为人之过失，既然总可找出一好的理由，所以人常常可以扩大他所谓好的理由的意义，而替他自己解说。他不一定是有心文过，他常是不自觉的自欺。如果你的话不能折服他时，你将加重他的过失，而失去你忠告的效果。

这时你所需要的，是巧妙的暗示言语。因为巧妙的暗示语言，常常能够在人心不自觉的暗蔽处，开一道侧门，使他人心灵的光，自然反转来，流到其他的善之境界，而自己看见自己的过失。

十六　说爱之扩大

你的生活之原始爱流，必须流到江河，流到海，流到洋，不然它将要倒流，最后只爱你自己。爱流之进行，永远是不进则退的。

这是说，你当努力扩大个人与个人间的爱，依照爱流前进之自然程序，而爱你的民族，爱人类，爱一切的生命，成为无尽的爱。

当你的爱成为无尽时，能真实的反观你的爱之本质，你将觉宇宙间只有爱，爱是天心。

你不复觉是你在爱，你将觉爱表现于你。

你不复觉爱表现于你，你如觉爱之自身，对你也有一种爱。

你可以对于爱之自身对你之爱，生一种最深的感激之情而流泪。你将爱爱之自身。

当你爱爱之自身时，你的爱由道德入于宗教。

如是你的爱发展成最完满的爱。

十七　说赞叹与崇拜

当你敬他人人格时，你或将发现他人人格中所含之价值，远较你为高。

你觉你不能促进他人之人格，只是他人的人格，在提升你的人格，

你的敬逐渐的增加，你的爱隐没于敬后去了。

你似乎只有敬，你觉你不配爱。

你伸展你的敬，想同他人人格之顶点连接，

但是你觉你的敬，只能达到他人格之边沿，你的敬，望不到他人格之顶点，

如是你的敬，转变成赞叹与崇拜。

然而赞叹与崇拜，正是你对个人的爱之一种最高形态。

这就是我们对于伟大人物之爱。

你的爱之发展，必需包含对伟大人物之爱时，你的爱才能至于最高；所以你需要有心悦诚服的师友，终身归命的先知，足以使你五体投地之圣贤豪杰，为你崇拜赞叹之对象。

如果现在没有，你当自历史中去寻找，如果历史中没有，你当在神的世界去找；你必须赞叹上帝，崇拜上帝，赞叹佛，崇拜佛，视他们如具备最高价值之人格。

十八　说文化

你尊敬人的人格，赞叹伟大人物之人格；你当尊敬赞叹由人的人格、伟大人物的人格所创造之文化。

你尊敬人的人格，赞叹伟大人物之人格，是尊敬赞叹其能努力实现极高的价值，你是尊敬赞叹其精神；所以你尊敬赞叹其所创造之文化，你也当自他们在文化中所表现之创造精神看。

如是，你将自文化中看出生命；如是，你将以文化之生命充实你自己之生命。如是，你将觉文化之生命，与你之生命，合为一体。如是，你的生命将与文化之生命，同样广大；你生命之开拓，将随人类文化之开拓，而日进无疆。

十九　说科学

当你学科学时，你若是单纯为着当前实际的应用，你没有了解科学之精神。

你当自科学中，看人类如何以他的思想，弥纶宇宙，

要在他思想中，描画宇宙之面影；要以他微小的脑髓，吮吸宇宙之精蕴；要探望至远的星云世界，要穿透至小的原子核；

要追索生命之起源、地球之原始；要预测人类之末日、世界之命运。

你当自科学中，看人类如何想以他的行动重造宇宙；

要以他的行动赋宇宙以新意义，要以他区区的两手，据宇宙于怀抱；

要想控制地震，控制日光，要想飞度星球，建设太空之航路；

要想征服疾病，征服死亡，要想化秽土为净土，化人世为天国。

你当自科学中看出人类之智力、人类之雄心。

如此，你将对人类科学之成就，致其无穷之赞叹。

二十　说艺术

如果你欣赏艺术，而只为官能之享受、情绪之安慰时，你侮辱了艺术之尊严。你当自艺术中，看出人类精神之最伟大的胜利。

艺术的材料，只是物质世界之声音颜色，

然而经过艺术家的心，声音颜色，都成了人类心灵之象征。

简单的七音，组织成音潮澎湃之音乐。

简单的五色，变成光影重重之图画。

简单的石块，堆积成高耸云霄、横卧大地之建筑。

物质经了艺术家的手，成为精神之工具，渲染了精神.之彩色，

精神经了艺术家的手，穿了物质的衣裳，自由来去于声色之

世界。

这不是精神最伟大的胜利吗?

二十一　说哲学

当你读哲学书,只是一心去看它如何解决哲学问题,一心想看其结论,你不能认识哲学之真价值。

你当自哲学中,看出哲学家心灵之弥纶万象。

哲学家以他的心,游泳于知识之百川,然而他最后要归于一中心观念。

他要以一中心观念,说明世间一切知识何以可能。

他视其中心观念如海,以倒吸千江之水。

他纵身自真理之江海,举示人类知识境界中,万派朝宗之大观。

你必须如此看哲学,你才了解哲学之价值。

二十二　说教育

你当自教育中,看出人类最高之责任感、最卓越之牺牲精神。

真正的教育家,是真正的爱之实现者。

因为他爱的是儿童之人格,他在儿童中,看出无尽向好的可能性。

他在儿童的人格中，看出每一儿童，都可完成其最高人格之发展，都可成为圣哲。

然而他同时看见这一切向好之可能性，可永不实现，另外有无尽向坏之可能性。

向好是摩天的高山，向坏是无底的深渊。

他携着儿童在崖边行走，他永怀着栗栗之危惧，他不能有一息之懈弛。

他时时须以他的心，透入儿童的心中，领着他前进。

他如慈母之育子，永不曾想着他自己。

他看见他教的儿童日益长大，人格日益充实，是他唯一之欢喜。

他连完成他自己人格之心，都不曾有，这是他绝对的牺牲。

我们看出他这种绝对的牺牲，正是他最高人格之表现。

然而他并不如是想。这是真正伟大的教育家之精神！

二十三　说宗教

人类之无尽的努力，必需求无限与完全、至真、至善、至美为归宿；

否则他将觉其努力系于虚空；所以在宗教中，人类相信至真至美至善无限与完全之神。

你说人对神似乎太渺小了，他只觉充满了罪孽，他在求神之助力，要神来超度。

然而人真相信神时，神在人心中住了。当无限住于有限时，有限即不复只是有限了；当完全住于不完全时，不完全即不复只是不完全了。

人战胜他的欲望，克服他的有限与不完全，而体合于无限与完全。

克服自己比保存自己，是更艰巨的工作，而神只保存其无限与完全之自己，人类似比神更伟大了。

如果说神创造人类，他即是在创造比他更伟大的东西。

神能创造人类，神比人又更伟大了，然而神依然住在人心灵之中。

当我们真能玩味此连环的真理时，我们当另有一宗教的智慧。

第六节
说日常生活之价值

一　说在日常生活中发现价值

你说："我们不能只赞叹人类文化之伟大的成就，我们还须回到日常生活之世界。无论哲学家怎样想崇高的价值理想，我们日常生活之世界的支配者，还是饥饿、爱情、名誉、权位、金钱、实际政治、实际经济，那都不是什么价值理想，那是我们生活中必需的事实。"

但是你错了，当你真以价值的眼光去看世界时，世界只是价值之流行境界，一切人生事业，都依于价值之实现。你说的那些，其本质仍是实现一种价值，你仍当努力实现价值于其中。

当你只从实际的必需去看那些时，你同我们分手了。

二　说饮食

假如你说：饮食是为的满足你的食欲，你错了，因为你不知道何以有食欲。

假如你说：你有食欲为的保存生命，你也错了，因为你不知道何以有保存生命之本能。

假如你说保存生命之本能，是生物所同具，生物要求存在，所以有此本能，你也错了。因为你不知道，世界何必有赖很多饮食而后存在的生物，自无生物的世界进化而来。矿物不需什么饮食，岂不更存在得久吗？

人饮食为的什么？我们说：人饮食，是为的使他生命的意义，贯注到食物里面。

当食物到口中时，身体外的物，流到身体内来了，身体与外物开始沟通了。

这沟通，是要产生一种身体与食物之互相渗融。粗糙的食物，将变成精致的细胞；低级简单的构造，将变为高级复杂之构造；高级复杂的构造中，将呈现更完整的和谐。

更完整的和谐，即是新的价值之实现。

我们在饮食，我们是在新开始实现一种新的价值。

饮食之实现价值，与人生之一切活动之实现价值，在本质是同类的。

一切价值，联系成一由低至高的层叠，最低的价值上通最高的价值。

假如低的价值之实现，为高的价值的实现之必需的基础，低的价值之实现，与高的价值之实现，可是同样神圣的。

所以饮食本身不是罪恶，罪恶只产生于为低级价值之实现，而淹没我们高级价值之实现的努力的时候。纵饮食之欲，才是罪恶。

然而我们真知道我们之饮食，是为实现一种价值，我们是为实现此种价值而饮食，我们将永不至纵饮食之欲。因为一价值观念透露至欲望之前，它将牵引高级价值观念，来权衡此欲望之自身。

我们将为实现更高级之价值，而节制我们的饮食。如果更高级价值之实现与饮食冲突，我们将全会牺牲我们的饮食之欲，来实现更高之价值。而且如果宇宙间有一种最高之价值，其中包含一切价值，如宗教家所实现之价值，我们实现了那种价值，我们当不需饮食。这是可能的，假如人不信，这证明他还没有了解饮食的意义。

三　说男女之爱

假如饮食不是为求生存，男女之爱生于性的要求，最后为传种的学说，亦明显错了。

我们不要因看见两性间有形色的慕悦、身体的接触，以为真有所谓生理要求。

要知道身体的接触，只是一外部之象征符号，这符号所象征的真实意义，才是身体接触的内蕴，犹如诗意本身为诗句之文字之内蕴。

这内蕴是一个生命精神，要与另一生命精神相贯通。两个生命精神，要共同创造一种内在的和谐，而后每一生命，都具备一种内在的和谐。

形色的慕悦，其实只是所以祛除两性间距离之一种工具，其作用是消极的而非积极的。男女之所以必需衰老，而失去他们青春的光彩，就是因为在他们的距离既祛除，内在的和谐既创造成功以后，便须复归于那本原的素朴。

我们也不要看了两性的结合，以为真为的传种，儿子的身躯，也只是一象征的符号。

所象征的是他父母曾有一种内在的和谐。这内在的和谐，宜有一实际存在之儿子的完整的躯体，来作证明，而表现于客观宇宙。

儿子的躯体，是父母之内在和谐的象征，父母的躯体，是父母之无穷代父母内在和谐之象征；而儿子又将与其他异性，共同创造内在的和谐，而有无穷子孙。所以每一个男女的躯体，都是无穷的内在和谐之系统相渗透之象征，他又将渗透入一无穷的内在和谐之系统，而被象征。

和谐是宇宙之一种美。

和谐之价值，宇宙之美之价值，要求具体实现他自己，创造出男女的爱情、子孙的身躯，要人类的生命永远延续下去。

所以在男女的爱中，从根本上看，原无所谓生理要求、身体接触。它们只是象征之符号。它们只是和谐之价值，要求客观化具体化，而透露于我们的影子。人们之常须经度此影子，他们只为达到"真实"。

男女之爱，依于和谐之价值之一种表现要求。他有宇宙之意义。

所以为了达到"真实"，人们也可以毁灭此影子。相爱的男女可以殉情，而共同焚化他们的身体于火山之下。

生物学家对它的解释，永远只是表面的。

四　说婚姻

婚姻是男女之爱凝注成的形式。

但是婚姻制度存在之根本意义，不是为的保障男女之爱，也不是为避免社会的纠纷，那些只是婚姻制度之附带的效用。

婚姻的要求，乃依于男女之爱要求永远继续，互相构造，而日趋于深细，以实现两人格间最高度的和谐。一夫一妻的婚姻制度，把男女关系固定，使有真正心灵之渗透。如我们之把两镜之地位固定下，而使它们真能传辉互泻。其所以要互守贞操，亦不是依于男女之互相占有，而是因为必需一镜对一镜，乃能映放上彼此之全部的影子，不然则将镜光交加而错乱。

人类不是为要保障男女之关系，避免社会的纠纷，而制造出一夫一妻的婚姻制度，以互相限制。乃是因为男女之爱，生于两人格间要求和谐，和谐之价值自身要求绝对的继续，永远的表现于男女两人格间，所以形成了外表似乎在互相限制的婚姻制度。

假如我们只认识此制度之限制的效用，我们不算了解此制度之积极的价值。

五　说男女之爱之超越

我们了解了男女之爱，是实现两性间生命精神与生命精神之和谐价值；我们便须在男女之爱中，努力于此和谐价值之实现。

但是正因为我们了解男女之爱，不外是实现两性间之一种和谐价值，我们便可超越男女之爱。因为和谐价值之观念，到了我们男女之爱之欲求之上，便能转而支配此欲求本身了。

于是我们可为了要实现他种之和谐价值，如民族之和谐、人类之和谐，或其他更高之价值，如文化之价值，而与男女之爱冲突时，牺牲男女之爱。

于是我们在不幸的婚姻中，我们觉不能实现我们理想之和谐价值时，我们可以立刻转移我们的活动，以实现其他的和谐之价值或其他之价值。

于是我们亦可以学许多伟大的哲人、宗教家，反顾其灵魂的秘藏，在自己心中发现永远的女性，具备最高贵的男女之爱中，同样内在的和谐，不必待人间的伴侣，在终身孤独中，仍然能获得宁静与满足。

六　说名誉心

你为什么要名誉，要人尊敬你？因为你自己尊敬你自己。你为什么尊敬你自己？因为你自认你之人格是有价值的。虽然你对于你之价值在何处，未必都有明显的自觉，然而你的直觉，必然是如此。所以自根本上说，你之望人尊敬，要名誉，是因为希望人能认识你人格之价值。不然，你何以只将你的好处，向人表示，而隐饰你的坏处？

你之望人尊敬，要名誉，是希望人的心联结于你的心，同分享你人格之价值，希望你人格所具备之价值，表现于他人之心而普遍化。

价值普遍化，本身是一种更高之价值。

你是为实现此更高之价值，而有名誉心。这是名誉心之真正起源。

但是你希望人认识你的价值，你同时当努力认识他人之价值。

当你发现他人人格之价值，高于你时，你必需更努力宣扬他人之名誉。

当你以为他人尚不能对你人格之价值，作适当之估量时，你不可怨尤。

因为也许你对于自己之估量是错了。

实际上，你对于你自己人格之估量常常错的，你是必然的免不掉把你自己估量过高。

这不特因为你自己对你自己太近了，眼前的手指，看来总是比远山高的。

而是你常分不清楚你实际的自己与你可能的自己，因为你人格是不断发展之历程，你常本能的以你可能之自己为实际之自己。

你所可求人认识的你之人格价值，至多只能限于你实际之自己。但由于你分不清你实际之自己与可能之自己，你自视你可能的自己必高之故，你于是常有过度的名誉心。你有一种深植根的预支他人尊敬之冲动。

所以他人永不能满足你的名誉心。你的名誉心，常与一种原始的自视过高之幻觉相伴，它必须不得满足。它之不得满足，是它有相伴之幻觉时应受的惩罚。

假如你确知你并不曾把你自己估量过高，而他人对你自己之估量是错了，你当知道这由于他人心灵之限制，你当原恕他。

假如为求人尊敬而改变你的价值观念，去作你认为价值更低的事，你是忘了你求人尊敬的本旨。

你望人之尊敬是要人认识你人格之价值，

你舍弃你原有的价值观念，以求合于他人，你已不是你自己了。

你求人尊敬之本旨不是坏的，你忘了你求人尊敬的本旨，却产生了你求名誉之一切罪恶。

而且我还要告诉你，人格内部之精神价值，在生前，别人总不会对之有正确之估量的。除了因你与人之实际利害关系及人之见识不同，使你有不虞之誉、求全之毁外，你在生前，别人对你之精神价值，总估量得过低的。

这是因为你身体存在时，人总是把你当作一身体与精神之混合物看。

人通常只有对人之精神，才能以向上眼光看，而对人之身体，总是以向下眼光看。所以人想着你之身体存在，而来对你之精神价值作估量时，常会估量得较低的。

所以人所真尊敬的人，总是不见其身体存在的古人，其次便是在很遥远地方的人。因此你更不应希望你所见之一切人，能给与你以认为应得之尊敬与名誉。

七　说权位

在权位的要求中，你要人服从你，你总想你是对的，你的意旨是有价值的。在你的直觉中，必然如此。所以要求名誉之本质，在使人认识你自以为有价值之人格；要求权位之本质，在使人奉行你自以为有价值之意旨。

使人奉行你认为有价值之意旨，使人之行为亦含价值，这本身是一创造更高价值之工作。权位的要求，最初亦不是坏的。

在你要求名誉时，你当尊敬更有价值的人。

在你要求权位时，你当让最大的权位，归诸其意旨最有价值的人。

当你确知你的意旨是最有价值时，你当尽量公布你的意旨。如果你的意旨，真是最有价值的，权位一朝会归于你。

如果以人们的自私，而权位不能自然的归于你时，你亦当知道是人们心灵的限制。

除非你出于真诚的爱人心，要使人奉行你自认为价值的意旨，而使其行为亦更有价值，因而提高其人格时，你不可为权位，而不惜以任何方法，争取权位。因为你为权位而求权位时，你已丧失你求权位之原始目的了。

八　说政治

人人有他自认为有价值的意旨，要求他人共同奉行，见诸事业。

于是人们有政治的活动、政治的组织。

在政治的活动中，人们各种有价值的意旨，在互相争衡，但是最后是要求互相渗透，成一种和谐。

这和谐，是国民公共意旨之表现，这和谐是一种更高之价值。

政府组织之使命，是实现此种更高之价值。

最伟大的政治家，是最能努力实现此种价值之人。

政治家努力实现此更高的价值时，在他的人格中，复实现一更高之价值。

当人们把政治只视作少数人统治多数人，或把政治的活动，只视作争取多数人的顺从，不重其互相渗透所成的和谐时；或把政治家只视作公共的仆役，而非同时在实现其人格价值时；人们都未了解政治活动本身所包含的价值。

九　说物质需要

人类为实现其精神价值，不能不需要相当的物质条件为基础，但是我们不能因此说，人类精神受了物质之限制。

因为当物质为实现精神价值之基础时，物质已包孕了精神的意义。

纯粹精神是最可贵的，然而更可贵的，是使物质产生精神的意义。

精神真正的战胜，是在它敌人的城堡上，插下他耀目之旗帜。

十　说社会经济

少数人拥据资财，而大多数人穷困的社会经济，我们必当改造它。

但不可只是说人人应有同样生存与享受之权利。

你想少数人以物质之享乐，而淹没其精神之发展，多数人以物质之过于缺乏，而停滞了精神之发展，世界还有比这更大的悲剧吗？

社会经济需要公平，公平使社会的各个人都能发展其精神，实现其精神价值，所以公平本身是一种价值。

所以我们必需改造不合公平标准之社会经济。

当一些哲学家、宗教家，鄙弃社会经济改造的工作时，他们已不是真正精神价值之爱护者。

我们必须看出最伟大的社会经济改造家，在实际上正是精神价值之最伟大的爱护者，我们自己才可算精神价值之爱护者。

最后的话

人生的一切努力为的什么？都是为实现一种价值。

科学哲学实现真，艺术文学实现美，道德教育实现善或爱，宗教实现神圣，政治实现国家中的和谐，经济当实现一种社会的公平，以至饮食、男女、名誉、权位之要求，都本于一种价值实现之要求。

除了实现价值以外，人生没有内容了。

你必需以价值观念，支配你的生活。你当体验一切事物之价值，你当认识一切似无价值的东西，似乎只表现负价值的东西之价值，你当自实现价值处，去看人间社会，你当使你之日常生活充满价值之实现，以丰富你的生活，完成你之人格。

这是我最后的话。

认识体验价值而实现之，实现价值亦即更能认识体验价值，这是我们的训条。但是训条，只是一抽象的态度。

我们不曾论到一切价值之内容是什么，价值有多少类。

因为对于你已能体验的价值，不需我们的讨论。对于你尚不曾体验到的价值，你的工作只是去体验。你不去体验，没有人能告诉你它是什么，犹如没有人能告诉聋子以音乐的趣味。我们也许可以使聋子知道音乐相伴的，是什么一种音波的振动，我们也许可以使你知道，你不曾体验到某种价值之体验，相伴于某种心灵之振动。这是许多价值哲学家所作的工作。但是他们的工作，并不能告诉你价值本身是什么，犹如物理学家不能告诉聋子音乐之趣味是什么。感受音乐，是了解音乐之唯一道路；体验价值，是了解价值之唯一道路。价值本身永远是离言的。它只是你体验它的时候，为你所了解，除了这个时候，它永远是默默无声。

我们也不曾论到各种价值如何统一。

因为你尚须多方面开始你价值之体验时，你不需要问价值本身如何统一。"统一的价值系统"一观念，将成为你体验价值之努力的桎梏，而限制你所认识之价值领域，乃自以为最高之价值，已为你所把握。

当你真需要统一的价值观念时，你自然能反观在你努力实现价值之活动本身之各种价值，是在互相渗透融化，在启示出一中心，此中心同时涵融一切价值。

我们也未论到什么活动价值高，什么活动价值低。

因为每一种活动价值之高低，不必系于该种活动之自身，而常系于该种活动，在你全部生活中，能引发的向上力量之全部。然而什么活动更能使你向上，你自己是知道的，而且亦只有你自己真知道。假如你不知道，唯一的原因，只是你不曾反身看你自己，或你不自觉的自欺了。

我们也不曾论到我们如何有实现高级价值之自由，而避免罪过。因为你真努力实现价值，你将觉价值本身，永远呈现于你心灵之前，在吸引你向上。你能自由，因为你希望自由，没人能束缚你，限制你，因为你的努力在内而不在外。

你能有避免罪过之方法。因为在你希望避免罪过之一念中，罪过已开始去除了。过去的罪过永远在过去，你当下能反观罪过的心之自身，永远是清明的。只要你能改去罪过，你将了解过去罪过之所以一度产生，正为使你认清它的面目，而不致再犯。

我们认为这些问题的产生，常常在你停止对于价值实现之努力的时候，此时你是在外面看你如何努力实现价值。在你的心沉入此努力本身中时，这些问题自己，会遇着它的答案，所以在我们的题目中，我们把这些问题避免了。

余　音

真理的世界是无尽的海，可以任你去航行。

你随处可以开始你的航行，你随处都可选择为绝对的中心。

它茫无畔岸，你的心灵的船，将永不会同他人心灵之船冲突。只要你是真正的航行者，你可以同别人心灵的船，向任何方向违反。

人间矛盾的真理，在真理的海中永远的和谐。

一切真理，只说它自己是真，决不说此外无更高的真理、与它不同的真理。

所以假使你所见与我相悖，或我所说的不能使你满足，你当自己去选你的航程。

你是唯一无二的人格，你是宇宙一独立的中心，你应当不同于他人，你本当自己去选择你的航程。

我知道你有更伟大的航程，只要你拔起你心灵之锚。

我也将更往前进，我们将在那遥远的海天一色之际，互相招手。

二十八年一月

第二部

心灵之发展

导　言

　　当你由上部生活之肯定，而反身看你自己的生活，求充实你内在的自我，知道世界充满价值，以肯定你自己于世界时，你的问题，变成如何反身看你自己的生活，充实你内在的自我，如何包摄外在的世界，于你内在的自我之中，将你内在的自我扩大，至与宇宙合一。你的问题由内外之和谐，变为内外之渗透。你将不复只是要摆脱外物之束缚，暂求苦乐情绪之超越，认识你唯一之自己，知道以自强不息的态度，去实现价值；而是要反观你的心灵，如何逐步的发展，内心如何逐步的开辟，以贯通于外界。你的问题，由人生现象的体验，变为心灵自身之发展的体验，由广的变为深的了——本部就是要答覆你这疑问。

　　但是你看我此部，你必须先忘掉你的一切习见知识。连我在前部中所讲的一切，你也要完全忘掉。你要沉下你的心，让我的话，暂时作为你之一镜子，来反观你如何可由内界以贯通外界，来认识你生命之海底的潜流，是如何进行的。你将由此而得一内外界确可贯通的证明，以后你可以仁意去寻求贯通内外界之任何航道，而不必承受我的任何一句话。因为我的话只有引导的作用，没有一句话不可修正补充，以提升转换其意义的。我的话对于我要陈述的真理之自体，只如一根绕地球的线。地球的面积之上有无穷的线，而地面所包围之体积，才是真理之自体。本部分五节：

一、心与自然之不离

二、心灵在自然世界之发展

三、心灵之自己肯定与自己超越

四、心灵在精神世界中之发展

五、精神自身之信仰

第一节
心灵与自然之不离

一

"前不见古人，后不见来者，念天地之悠悠，独怆然而涕下。"

你可曾在高山顶上独立苍茫？你可曾在此时，有过人生最深的悲凉之感？

你可曾在此时，想过：谁是我？谁是世界？我与世界，如何连结起来？

你可曾在此时闭目，让心灵暂时忘掉了一切，似乎一切都没有，忽然张目顿见森罗万象的世界，呈现在你面前，而感到无尽的惊奇？这森罗万象的世界，如何会呈现于你，你在里面似乎占如是之渺小的位置？你似乎觉你如初降落至人间的亚当，一切对于你，都是生疏神秘不可测。你瞳焉若初生之犊，对于一切都觉得新奴，不知其故！当你真正感到这些时，你可以入哲学之门了。

二

哲学问题的开始是问：谁是我？谁是世界？我与世界如何联结？哲学智慧的开始，是认识我的世界即在我之内，我之所以为我之内容，只有关于世界之一切，我与我的世界，本来未尝分离。你当试反省你所谓你之内容，离开关于世界之一切经验之外，还有什么？你所谓世界，离开你经验的世界之外，还有什么？你将发现：你所谓世界，是你经验之一端，你所谓我，是你经验之另一端。你是"能"，世界是"所"，能所二者，同融摄于你的经验中。

所以你不能说，你的心是在内，世界之一切对象，绝对离心而存在于外。

你必需先知道，在你之直接经验中，你的心与其对象未尝离。

你望着白云的变幻，你的心便在白云里。

你听着松涛的澎湃，你的心便在松涛里。

你想着你亲爱的人，你的心便在你亲爱的人身上。

你的心在此，实际上与你所认识之对象未尝离。

三

在你直接经验中，你与你所认识之对象不离。此外，你亦永不能说真有绝对离心之对象。

你以为门前的山，你不见它时，离开了你的心，真在心外吗？

当你不想它时，你不能说它离开你的心，在你心内或心外。

当你说它在你心外时，你已经想它，它已在你的想念中，已不是在你的心外了。

四

你说那若干万万年前的化石，那月球的背面，那原子电子的构造，总是离心而独立存在的，因为我从来不曾经验过。

若干万万年前的化石、月球的背面、原子电子之构造，你不曾经验过，那是不错的。但是你虽不能经验，你或可以在某种条件之下经验。假使你有天使之翼，你将见月球的背面之丘陵原野；假设你能逆着时间之流倒航，追赶上若干万万年前的光波，你将见若干万万年前的化石初凝成的情况。

假如你能把原子系当作太阳系，你之住在电子上，如你之住在地球上，你将看见原子中电子运行之轨道。此亦许是不可能，但是你至少能经验原子系发出的光谱。

你说它们存在，你必须先承认在某种条件、某种情形之下，有为你经验之可能，或经验它所发生的某种直接间接的作用之可能。若果它们在任何条件情形之下，都不能为你所经验，你亦不可能经验其任何作用，我请问你依何种根据而说它们存在；说它们不存在，有何不可？你试细细想想。

它们之存在，至少依于它们之作用，有一种为你经验之可能。

在你说他们存在之意义中，就含一种其作用可经验之意义。

全离开了可经验的意义，它们无所谓存在。

它们之存在的意义，与可经验的意义不能离，即它们之自身，与它们之可为你心之对象，不能相离。

它们存在，根据于它们可为你心之对象。

它们不能真正离开你的心而存在，它们不能真正的在你心外。

五

你可说：纵然一切存在的外物，都是在某情形之下可经验，存在之意义与可经验之意义不离，然而存在的外物之范围，总比我们实际经验之范围广，存在的外物，时时变更我们的经验。

我正闭目凝神，何处来了桂子花香，引动了我的怀思？

我正步月行吟，何处来了电闪与雷鸣，阻挠了我的诗兴？

存在的外物决定我们经验之内容，外物之存在在先，我们之经验在后。外物存在时，我们可尚未经验。所以物在我们心以外，物离心而独立存在。

但是你的话仍然错了。

当你经验桂子花香时，你之经验此时开始，而桂子花之如是之香，亦在此时开始。

桂子花之如是如是香，以前之他人或你，从不曾有同样的经验。所以桂子花之如是如是香，亦是从不曾有的香。桂子花之如是如是香，是在你经验它时它才存在。它如是之香，并不先于你的经验而存在，而是与你经验之存在同时的。

你说桂子花未有如是如是之香以前，桂子花本身总是先存在，这话自某一意义说，我不否认。

但是你当知道，你的心在未感觉桂子花以前，已然存在。桂子花之如是如是香，总是你先存在的心，与先存在的桂子花，合作的结果。你可说外界存在的桂子花，决定你这经验，你又何不可说内界存在的你的心，决定你这经验。

你的经验，待心物二端而构成，心物二端，在经验中联结为一。

你总是要继续的经验，心物两端，便是在继续的要求联结，不然，在经验中它们之联结如何可能？

这证明心物两端，原有一意义之内在的联结，所以才有外表的联结之要求。

当你知道一切存在者存在之意义，根据于其可为你经验之意义，可为你心之对象之意义，知道心物两端，原有内在的联结时，我们可以谈心灵之发展了。

第二节
心灵在自然世界之发展

一

你说你对于外物最原始的认识，就是感觉。

你望着白云，你的眼感觉了；你听着松涛，你的耳感觉了。

但你可曾想想：你为什么能感觉？

你说物接触你的心，心物二者合成一不离的全体，所以你有感觉，你的话仍然太浅了。

你感觉，是为你心能超越你身体所在的、所谓实际的空间的限制，而连结于另一空间中的存在。你身体所在的实际空间是在此，而白云是在天上，松涛是在远远的山前。然而你感觉它们。这不是你的心超越了你身体所在的实际空间的限制吗？

在你所谓物质的空间中，一切物质，只是纵横布列，各有各的位置。

然而在你感觉中，不同位置的身体感官之物质，与所谓外界之物质，连结起来了。

二

在纯粹的感觉中，你所见的白云，只是一单纯的白色之团。你不知它是白云，亦不知它是白，因为纯粹的感觉是突然的一感，最初并无所谓是什么。

你知它是白云是白，你是将此当前所感之白云与白，同你过去所感之白云与白，相比较，相凑泊；你将现在所感，融于过去所感，你才知它是白云是白。

你为什么能以现在所感，融于过去？只是因为你并不把现在所感，固定于现在，亦不把过去所感，固定于过去。你把现在与过去联结，使过去的不复只是过去，现在的不复是纯粹的现在，你是超越了实际时间的限制。

你超越了时间的限制，而后知其是白云是白。

你之感觉白云与白，必等到知此白云是白时，你的感觉才真正完成。

然而你知此白云是白时，你已超越了时间的限制。

所以你真正的感觉之完成中，一方超越了空间之限制，一方超越了时间之限制。

你不要把这当作平凡的事实。

你当由此了解你的感觉，在超越空间限制的意义中，是物质世界之联系者，在超越时间限制的意义中，是你前后所感之联系者。

这是你的心建设它自己之第一步。

这是你心之活动的初阶。

三

然而感觉只是你心之活动建设它自己之第一步，只是你心之活动之初阶。

在感觉中，你的心只对着你的对象，它沉没于它的对象中。

它包含超越一实际时空的意义，但它不曾自觉超越一实际时空。

你的心在何时自觉超越一实际时空？在你由回想而自觉你的感觉的时候。

你在回想你的白云之感觉的时候，你是离开了你当前所感觉之白云；你重现你白云之感觉，于你的心中，犹如镜中之影。

这时最初的感觉，已过去了，时间已变了。时间变化，你在空间的位置亦变了。你在你心之镜中，重现此感，你是在另一时空中，重现此感觉，你自觉超越原来的实际时空了。

你由回想而自觉你的感觉，自觉笼罩着你的感觉。自觉继续它自己，把你的过去，贯通到你的现在。你经度自觉所造成之通路，你可以在"现在"，重新生活你的"过去"。所以你能忆起你十年前的旧游，怀念你千里外的故乡。

物质的运行，必须依着时间空间自然的顺序。你的身体已老，决不能再成十年前的身体；你必跋涉长途，才能重到你的家园。

然而你的心能回想，能超越了时空之自然限制，由自由回想，而任意颠倒时间空间之自然顺序。

四

你的回想，只是重现过去。你的心更高的活动，是根据你的回想，而知当前事物之关系或意义。

你看见宿鸟归林，你知道暮色将苍然来。

你看见城外的古塔，你知道快要到家。

你知道宿鸟归林与塔之一种意义，但是你为什么能够？

这是因为你能根据你过去经验中的回想，知道宿鸟归林与暮色、塔与家常联系，这一端常通到那一端。所以当你看见宿鸟归林与塔的一端时，你的心便流到暮色与家之一端，而了解宿鸟归林与塔之意义了。

这时你的心之活动，是由现在回到过去，又将过去隶属丁现在；由外物之感觉到内在之回想，由内在之回想以解释所感觉之外物。

由外到内，又由内到外，你的心，开始贯通你的世界了。

五

但是你更高的心理活动，不只是了解当前事物之意义；而是推扩你对于当前事物意义之了解，而了解其他事物之意义。你见着梧桐一叶落，知秋天到，更知天下皆秋，栖霞山的枫叶已渐红了。你想着秋山人在画中行之情致，你忍不住策杖出门。

你由梧桐一叶落之意义，而知秋天到；由秋天之意义，而知栖霞山的枫叶之红；由秋山之意义，而知秋山之情致。你的心，由第一回想到第二回想，到第三回想；由一事物到二事物，到三事物。你的心往来于回想与外在的事物之世界。你的心之光，射到你回想的世界与外在事物之世界，可反复的继续至于无穷。你亦可由当前事物之感觉，而引起继续不断之思想，由此以开辟出你思想之世界。

瓦特看见蒸气冲出壶盖，而知极大的蒸气，当推动极大的机器；牛顿看见苹果落地，而知万物皆相吸引。

他们卓绝的科学天才，只开始于他们能尽量推扩其所见的当前事物之意义。

意义如何推扩，思想世界如何开辟，那是另一问题。我们现在所要说的，只是推扩当前事物之意义，本于你之回想反省，这是你的心之更高活动。

六

在你能努力推扩你对于事物意义的了解时，你的心是尽量的将你回想中之过去经验，贯通到外在的事物之世界。你是对于贯通你与世界，作了更大的努力。

但是你尚不会真正贯通内界与外界。因为你始终尚觉着外界的事物在你之外，其意义待你去了解。你的心，一直在探寻中，不曾发现：外界即足以表现你自己。所以你之更高的心之活动，是发现外界事物之形色的世界，即是你自己生命经验之象征。外界事物之意义，即是你生命经验本身之意义。

问君能有几多愁，恰似一江春水向东流！

你看见春水继续不断的流，永远无尽。永远无尽，是它流行中包含的意义。你把它之"永远无尽"抽离出来，而推扩出去，你发现它之"永远无尽"，与你愁思之"永远无尽"相同。你的愁思之"永远无尽"，最初发现它的知己，其次拥抱为一，最后沉入它之"永远无尽"中。于是它之"永远无尽"，成了你的愁思之永远无尽的象征。

所以在发现事物为我们生命经验之象征时，我们不仅以内界去了解外界，而是发现内界直接表现于外界。你不仅对于外界有一种自觉，对内界有一种自觉，而且对于你之内界表现于外界，亦有一种自觉。

七

在你以外界表现你自己时，你自己是同时存在于外界，外界不复与你对待了。然而你在去寻找发现足以表现你自己的外界事物，来表现你自己时，你仍不算真贯通内外。因你尚不能自然的随处去发现，能表现你自己之外在事物。你必须进一层，常觉一切自然事物，都足以表现你自己。你必须常觉万物，都脉脉的含情。鸟在代你啼，花在代你笑，雨滴在代你流泪，风声在代你歌啸，觉万物本身，就是你另一自己。这另一自己，又似乎不是你自己。鸟在啼，因为它本身含有悲伤；花在笑，因为它本身含有喜悦；雨滴本身含着愁苦；风声本身含着舒畅。如此，你将觉瀑布的奔流，是表现它一往直前的意志；火山的爆烈，是地球的愤怒；万星灿烂的太空，是宇宙灵魂庄严肃穆的面容。形色的世界，成为你的生命的衣裳；你的生命自身，在形色的世界中舞蹈。你在形色的世界中，处处发现你自己。

八

你已能在外界处处发现你自己，觉你自己处处表现于外界，形色的世界为你生命的衣裳；以后，你将进一步发觉，实际存在之形色的世界，尚不足以完全表现你生命之情调。形色的世界，对于你生命之情调，不能全适合。你有时会觉形色的衣裳，是你生命之桎梏。在你感觉桎梏一点上，它仍然是外在的东西。如是，对于形色的衣裳，你须得加以裁剪。如是，你将把你所见各种事物之形色声香，互相交配，参伍错综，在心中造出各种事物，以寄托你生命情调。如是，你开辟了想象之世界。

在你开辟你想象世界时，你把鸟翼插在小孩身上，花化为美人，太空变为天国。你可以任意在你心中，融铸万象。形色的世界中之一切事物之形色声香，你都可把它分离拆散，作为你制造想象世界中一切事物之材料。你这时不复把形色的世界，当作外在的，而一齐收到你的内界来了。你的生命情调，由此可以自己去找着适合于它的表现。你不必需赖外在的形色世界，来表现你的生命情调；不复再感着形色世界，不能表现你生命情调之桎梏；亦不复有在此桎梏之感中，所引生的那种微细的内外对待之感了，因为你自觉你的内界统摄外界了。

九

当你真能开辟你想象的世界时，你在你的心中，任意融裁万象。你的想象力，发展到极端之大时，你将觉一切万象之形色声香，都自会来奔赴集中于你现在的自我，任你如何加以组织。

你将觉万象都成了泥土一般，可由你的想象力去塑捏。你不断把它们加以塑捏揉和的结果，你会忽然有一大觉悟：所谓世界事物之形色声香，就其质料上看，其实不外许多很简单的东西。

色只有七色，音只有五音，一切不同的空间之形色，不外空间之左右前后上下曲折的式样。事物之形色声香，就其本身言，实简单之至。其所以有森罗万象之不同，与人所以能构造出无穷的想象，只是由于其不同之分合排列。于是我们顿悟到，假设我们的想象力真是无穷，我们只须几度简单经验，经验一次空间，一次七色，一次五音，我们就可以在我们心中，构造出无穷宇宙来。于是我们了解我们之所以要贪求许多外物的经验，然后才能想象许多，其根本原因，乃是我们想象力之根本不足。于是我们了解了：假如我们能开辟我们自己的想象力，至于无穷，我们当下所有的经验，已足够我们构造我们想象的世界。我们自己即可构造任何世界，来满足我们自己。然而我们为什么不能呢？我们自己为什么不能呢？

第三节
心灵之自己肯定与自己超越

一

当我们的心发生此问题时，我们的心问到我们自己了。我们的心，感着要了解它自己究竟是怎样一回事，要开始反观它自己的内部了。我们的心，离开了外界的形色世界，而回到它自己，认识它自己了。我们的心之活动，又到一更高之阶段。

当你的心回头来认识它自己时，你首先发现的，便是你心中有许多活动，如爱恨思想意志之努力等。然而你马上发现，你的心能以它自己的活动为对象，而活动。

心能自觉，以它自己为对象，所以心能在它的内部活动。你爱，你可以觉得你的爱之可贵，你能爱你的爱。你恨，你觉得你的恨心，使你苦恼，你可以恨你的恨。你爱，你想摆脱你的爱，你可以恨你的爱。你恨，你觉得你的恨合乎正义，你可以爱你的恨。以至你思想，你可以思想你如何思想。你努力，你可以努力使你的努力能继续的保持。你笑，你可以笑你自己何故如此笑得无聊。你哭，你可以哭你自己何故如此哭得悲哀。你可由你的心之活动，能以其自身为对象，而认识了你的心与物之根本不同。你的心以其自己之活动为对象，是离开自己原来之活动，而重新开始一活动，加于它自己原来的活动之上；而这新旧之活动，又都是你自己的活动。

二

你由你的心之可以其自身为对象，一切活动都可一方是活动，一方又是活动之所对。你认识你的心之一切活动，一方是能，一方是所，一方是主观，一方是客观。在主观时似在内，在客观时似在外。你于是悟到在你自己内部，就可以有内外两世界了。

三

当你了解你自己内部，有内外两世界时，你马上更进一层了解，你自己内部之内世界，可以继续不断的成为你内部的外世界中之所有物。

你可以思想你的思想，可以思想你的"思想你的思想"——你恨你恨，你可以恨你之恨恨——若可至无穷。这就是说你的主观可以继续的变为你的客观，你可以于此发觉你内部的客观之逐渐的扩大充实。

四

然而最奇怪的事，是你似永找不着你真正的主观在哪里。你反省你的主观，你的主观已成客观。你反省你的反省，然而你反省被反省时，仍然是客观的。你永不能彻底了解你自己的主观，你不知你的主观之出发点在何处。你似只能得为客观的自己，不能得为主观的自己。

但是你虽永不能找着你主观的自己在何处，你却永相信在你客观的自己之外有此自己，在被知之我外有能知之我。

你于是觉得你之客观的自我，乃是自一不可知的主观流出，你觉得它的源头是你看不见的。

五

然而在你假设它有源头时，你忍不住要追溯它的源头，而你又永追溯不到它的源头，你最后只得陷于一神秘的感情之失望。

当你真正经验此神秘的感情之失望时，你的心一直进到心之深处去了。虽然终于迷惑而归，但是你的心归来时，可又有了更高之觉悟。

这更高觉悟是：你知道你的心，并没有一定的源头，你的心只是一永远向上之活动，肯定它自己，而肯定另一自己，再否定此另一自己，而肯定另一自己之继续不断的活动。我们找不着绝对的主观，因为我们所肯定的主观，在加以反省时，我们又将它否定了。

六

因为心能肯定它自己又否定它自己，另肯定一自己，所以它能离开它原来的活动，而化之为另一活动之对象，可以继续的化其内部的主观，为内部的客观，而充实扩大其内部的客观。

因为心能肯定它自己又否定它自己，而另肯定一自己，所以它能离开只去配合形色的想象之活动，而有反观内省之活动。

因为心能肯定它自己又否定它自己，而另肯定一自己，所以它能归并、化除充满此心中之无穷的形色，而成为几种简单的形色。

因为心能肯定它自己又否定它自己，另肯定一自己，所以它能打破外界事物与其自己之隔绝对待，而在外界事物中，发现其自己以外之外物，为其内心之象征。

因为心能肯定它自己又否定它自己，另肯定一自己，所以它不限于当前感觉的事物，而能知其意义，推扩其意义。

因为心能肯定它自己又否定它自己，另肯定一自己，所以它能不役于现在之纯粹感觉，而联系过去感觉于现在；能不役于它的身体内，而能感觉天上的白云、山间的松涛。

七

心之活动，就是继续的肯定它自己，又否定它自己，再肯定另一自己。它没有一定的自己，因为它时时有新的自己。

然而它在继续的肯定而否定它自己时，它自觉它所"肯定的自己""否定的自己"都是它自己。它时时有新的自己，但是它的新的自己与旧的自己，都不在它自己以外。在它的自觉中，它自己一又是二，这到底如何而可能？

于是它的问题，最后问到自觉中的自己如何能是一又是二。如何令已否定的自己，与新肯定的自己，同属于一自己？问到自觉中，何以有此种矛盾的情形？因为这矛盾呈现于我们自觉中，所以我们当于自觉中去解答。

八

但是当我们要求解答于自觉时，我们必需自觉"我们之自觉"。然而当我们自觉"我们的自觉"时，我们又离开了我们原来的自觉，否定"原来所肯定的自觉之自己"，而肯定另一"自觉此自觉之自己"。而你又在更高之自觉中，自觉你"原来的自觉之自己"与"对于自觉加以自觉之自己"，同属于你自己。在你更高的自觉中，我们从前的矛盾又出现了。

我们只有要求解答于更高之自觉本身，于是我们当自觉此更高之自觉——然而同样的矛盾，又以另一形式再出现。

我们一直求到最后，作无穷次的自觉，我们的矛盾似仍然不能避免。

九

但是当我们真知道这矛盾的情形，永远不能避免时，我们知道此矛盾的情形，是永远继续永远一致的了。此矛盾的情形之继续一致，是它不与其自身矛盾。

我们于是了解我们之自己是旧自己又是新自己，是一又是二，乃我们心之本性使之然；心之本性在其自身，并不矛盾，而是永远继续永远一致的了。你之所以觉得有矛盾，只因为你执定一不能同时是二，矛盾是你的执定造出来的。

当我们知道我们新旧自己之互相代替，出自我们心之本性，于是我们可以从我们新旧自己之互相代替，可以无穷继续，而知道我们唯一之自己，在其本性上同时即无量之自己，我们不能再说我们只是有限的存在了。

十

你当自信你之一自己即无量的自己，你之自性具藏着无限，你当自信你自己绝对不是物质——物质只能是它自己，不能自觉它自己，不能化它自己为两自己，更不能由无穷次的自觉，而化它自己为无穷的自己。物质之自性，不具藏着无限。

你当自信你自己笼罩着世界，因为在你自觉之中，你自觉了你自己，同时即自觉了你接触的外物。所触之外物与能触之你自己，同时呈现于你自觉之中。你的自觉，可无穷继续。一切似乎与你自己相对而外在的世界之物，只要你一加自觉，即收入你的自觉之中，犹如无边的明镜，收揽山河大地。你当自信你是世界之主宰。

但是你不能只自信你是世界之主宰，你之自性具藏着无限；你当实证你是世界之主宰，你自性之无限。以上的话，纵然你完全明了，使你有如是之自信，但是你必须有如是之体会，使你有如是之实证。你的自信，必需经了实证，才是真实的自信。

十一

所以你必须超越纯知的阶段，而到体会的阶段，你不当仅由你之能无穷的自觉，而明了你自性之无限，你当处处去体会你自性之无限。所以你当忘掉你是能无穷的自觉的。因为当你只想着你是能无穷的自觉的时，你是限制于你自己的自觉力之中，你是限制于你的反省之中。你是限制于你心灵之镜中，看你自己。你仍有所限。你的自性之表现，不是真正无限。你未能真正体会你自性之无限。所以你要忘掉你是能无穷的自觉的，忘掉由无穷的自觉能力以证明你自性之无限的办法。换言之，你当超越你以上的了解，否定只作以上了解的你自己，而肯定能真正体会你自性之无限的你自己。

十二

你要否定只作以上了解的你自己，你当忘掉你有无穷的自觉能力，你不当限制在你的自觉力之内，你不当限制在你的反省之内。这就是说你当从新来看世界，肯定世界之客观存在。你当忘了从你自觉中看你是世界之主宰的办法。因为你只从你的自觉中，看你是世界之主宰，你是限制于你的自觉中的世界之主宰，你不是无限制的世界之主宰。你要是无限制的世界之主宰，便必须跳出只从自觉中看世界的办法，而自世界本身看世界。所以你必须重新肯定世界之客观存在，把世界仍看作在你之外，再以你之无限的行为活动，去通贯内外，在世界中发现你自己。如是你才能真体会你是无限制的世界之主宰，真体会你自性之无限。

你真体会你自性之无限，必需先肯定世界之客观存在，世界在你之外。这即等于说，你要真体会你自性之无限，你须再承认你之有限，而重新以无限之行为活动，去破除你有限之自己，以通贯内外之世界，以实现你自性之无限的要求，而体会到你自性之无限。

十三

上段所说就是你之自主的"自我否定、自我限制",以求真正的自我肯定、自我无限;自主的"肯定客观世界""外在化世界",以求纳客观世界于主观世界,以内在化此外在世界。这是你心灵之翻山越岭,你必须以耐心细玩此矛盾中之智慧。

我们以下的话,便当仍然归到平易。我们将依序讨论,你当如何重新以你有限心,去通贯世界。我们仍当一步一步的指出你之被限制,与此限制之一步一步的破除。如果你真是如是如是破除了你之限制,你将体会到你自性之无限,实证你是世界之主宰。

第四节
心灵在精神世界中之发展

一

你首先所感到的你心之限制，是觉得他人的心在你的心之外。他人的动作，你不能预料，他人的意志，你不能测定，你明感到他人的心与你的心对待。所以你本能的相信你自心之世界，与他心之世界对待。这是最先需要你重新的克服之工作的。你必须要把你的自心联贯于他心，化你的个体心成为普遍心，主观心成客观心。然后你之有限的心，才能渐进于无限。

你以你的自心联贯于他心，第一步阶段的工作，是对他人心理的了解。尽管在你感觉的世界中，他人对于你，只是一些形色声音等物质性质的表现，只是一另一空间中的存在；但是你以了解他人心理为目的时，你须彻底否认他人与你之空间的距离，你自然而然的把他人之形色声音等表现，当作一指示你到他人心中之指路碑或桥梁。你再不会留在这指路碑或桥梁边，因为你须要到他人心中去。所以一切物质之形色声音，到这时成了心与心的互相了解的媒介，物质的世界是客观的隶属于心之世界了。

因为你了解他人，是以你的心向他人心中走去。你是先同时肯定他人的心与你的心之存在；所以你一方在了解他人，同时即相信：你也可为他人所了解，而且要求他人了解你。他人的言语动作等，可证明你已为他人所了解。于是你将了解他人之了解你，而他人又可了解：你了解他对你之了解。由是你的心与他人的心，如两镜互照而映影无穷。所以了解他人，比我们以前所谓自觉，是更高的一阶段。你自觉的你自己，是已过去的你自己，已被你超越的你自己。过去的你自己，不能再反转来自觉你今后的自己。但是你了解他人时，你同时即自然的相信：他人也正在了解你自己。你一方是能了解，一方是被了解，一方是能包裹他人之心，一方是被他人包裹的心。当你与人互求了解时，你可以把你对于你自己的自觉——即对你自己的了解——与你对人的了解，一并告诉他人，转递与他人。在你只是对于你自己加以自觉了解时，你只是自己在自己内部，不断的向上翻转，这只是一活动方向，姑说是纵的。但你与他人互相了解时，你好比与他人互映心光，你增加一种活动方向，姑说是横的。这是你之所以不能安于纯粹的孤独，而常要寻求朋友，到社会中表现你自己，……的主要原因。

　　你了解他人，是以你的心向他人之心走去，以求你的心连结于他人的心。但是只限于了解，你达不到你的目的。你与他人互相了解，真如两镜之互照，只留下彼此之影子。镜中影子虽然通过了两镜间之空间，两镜本身之距离，依然存在。这比喻心与心之互相了解，心与心仍相对待。相了解的结果，只是互相下许多判断。判断成功了以后，与判断的对象，即分而为二。这证明只相了解的心，尚不能算真合一。你必须在真了解人的心之后，由对人判断，进一步而至对人同情。判断只是在判断时以你的心，暂时穿入人的心，判断完结后，你仍缩回到你自己之内。同情，是你的心穿入人的心之后，就被他人心中之生命情绪拖着走。在同情中，你的心在他人心中振动。他人的生命情绪、苦乐忧喜，成了你的生命情绪、苦乐忧喜。你于是对他人有体贴，有安慰，有扶持，一言以蔽之曰，有爱。你真爱人时，你的心与人的心，才真结合为一。爱与单纯的了解，根本不同。你了解人时，你必求人了解你。因为在你了解人时，人是所了解，你是能了解。你始终忘不了你是一能了解者，所以你必须求人了解以为报答。你这时的根本道德，尚超不出公平的标准。如果你不为人了解，你不能无所怨尤。然而在爱里，你爱人却不需人亦爱你。因为在爱里，你的心已贯入他人之心，与他人生命情绪同流。在真正的爱里，可不须任何报答。他的报答就在他本身。因为在爱时，你的心与他人的心连结为一，你的心之自身扩大了。

二

爱生于以你的心贯入他人的心，与他人生命情绪同流，把他人当作你自己，以他人之生命情绪，为你之生命情绪。但是当你真正以他人生命情绪为你之生命情绪时，你将发现他人之生命情绪，不一定都是向上的，有许多都是向下的。你之爱人，出发自你之向上的心。当你尚未知爱时，你向上的心只使你去发生爱。当你已发生爱时，你向上的心却不仅要你保持你的爱，而且要你所爱的他人之心，亦是向上的心。所以你这时对于他人生命情绪之向上与向下间——亦即好的与不好的之间——将有一个选择。你将爱其向上者好者，而不爱其向下者不好者。但是当你以他人之向上的好的生命情绪，为你所爱之对象时，你将发现他人之好的生命情绪之所以好，由于依附于一种理想。于是，你将爱人之理想。当你能爱他人之理想时，你将发现他人之理想，即其全人格之集中点，而他人之理想，是他人所尚未实现的。于是你将发现他人人格，不只是一现实之存在，而是一努力实现其理想之存在。现在的他人，是一过渡到未来的理想他人之一历程。这历程之全境，不断的向未来伸展，不是你现在的心所能完全了解把握的。于是你产生了独立的他人人格之概念，你将有对人的人格之爱。你将不只是单纯以去他人之忧苦，求他人之喜乐，以表现你之爱；而将以对他人人格之尊礼，帮助他人实现其理想、充实其人格，以表现你之爱。这就是包含敬的爱。

对人格之爱，比普通之爱是一更高阶段的爱。因为在普通之爱中，你固然忘了你自己，而以他人为你自己，以你的心贯入他人的心，你是超越了你自己。然而你常可把他人当作你自己而私有之，成一种含微隐的占有性之爱。这不仅在男女、亲子间有之，即对朋友、人民间亦有。这时，你实际上仍不曾真正忘掉你自己，你不过以他人为你自己而已。然而在包含敬的爱中，你明觉他人人格发展之历程之全境，在你之外。你所爱的乃是他人独立的人格。你最真切的觉到，他人在你之外，你仍爱他人。你是真正忘了你自己在爱人了。

普通的爱克服人与我之距离。

包含敬的爱，通过普通之爱，又重新建立一人与我之距离，而成为一更高的爱。人与我间的距离，犹如两山之间的距离。由此山之麓到彼山之麓，这比喻普通之爱所克服的距离。由此山之麓至彼山之麓后，再登山顶，而重新自山顶飞越两山间的距离，这比喻包含敬的爱，在其自身克服距离的工作中，同时最亲切的看见距离之存在。

三

包含敬的爱，以他人的人格为你敬爱之对象。你敬爱他人，而在帮助他人发展其人格中，获得一种满足。但是有时你将发现他人之人格远较你为高，他可以自己发展，不待你去帮助，或你的帮助太微小。你只觉得他人的人格，在时时吸引你上升。你只觉他人在你之上，对你施爱，以发展你的人格。于是你对于他的敬，逐渐增加，你觉你不配爱，因为你无法报答他对你施的爱。你只配接受他的人格对于你所加的吸引上升的力量。这也就是你对他施与你的爱之唯一的报答。于是包含敬的爱，转变成为崇仰赞叹。

在崇仰赞叹中，你不复只是如在爱中之牺牲你自己，而且牺牲了你爱之自身。你的爱发展他自己，成包含敬的爱以后，为了其中所孕育的敬之成长，而自愿隐没于敬之后。这是你的爱之最高的发展。但同时你并不会因觉他人人格之远较你为高，而失去你的心与他的心间之联系，你还将感更大的联系。因为，你觉他人的人格本身，在吸引你去同他联系。你不觉得是你找他人之人格，来同你联系，而似乎是他人人格自身，来同你联系。以致你可由崇仰赞叹而变为感激。你感激有这样伟大的人格，来同你接近，来提携你的人格。

此段所说是过渡到下段所说的。如在你实际接触的人中，可无使你如此崇仰赞叹的人，你可以直接去体验下一段所说。但你不曾接触使你如此崇仰赞叹之人，始终是你的缺憾。

四

当你感到实际接触的人中，有比你高的人格，来吸引你的人格向上时，你才真体验了人类向上精神之可贵。你将亲切感触人类向上精神本身，是一力量的中心，是一真实不虚之存在。你将随处去发现人类之向上精神。你将真了解人类向上精神所创造的一切文化之可贵。你于是将自文化中，看人类之向上精神，你将自艺术、文学、宗教、政治、经济、科学、哲学中，看人类向上精神，而对人类向上精神，致其赞叹。

你自文化中看人类之向上精神，而致其赞叹时，你是自人类向上精神之创造物中，反溯人类向上精神。你是自非精神的物质的艺术作品、政治经济之组织、宗教仪式、科学哲学文字中，看人类精神。你自非精神性的东西，复活其中所含之精神。而且你是普泛的认识一切人类之向上精神，不是只自少数接触的人格中，认识其向上精神。你开始知道同一切人的向上精神联接。你真能尽量欣赏文化之价值，你的心之发展，将到更高的阶段。

五

但是你若只就已成文化产物中，看出人类精神之伟大而致赞叹，你的心之发展，尚未至最高的阶段。你尚须具备进一步之心境，你必须发思古之幽情。

我所谓发思古之幽情，其真实义是说，你不当只自已成文化产物中，看其所表现之普泛的人类向上精神，而当进一层想：过去许多伟大人格，在其创造文化产物时，他们个别的特殊心境、他们个别的生命精神；他们个别的如何开辟他们的理想之世界、价值之世界；他们个别的如何精进，如何自强，如何至死不懈的奋勉。你要真体验这些，你必须似突然忘掉了你现处的环境，而踊身千载上，到你敬仰的古人之前，如闻其声，如见其形，与他晤对。你似乎亲见孔子在杏坛设教，揖让雍容，在叹道不行，乘桴浮于海。你似乎亲见耶稣，在举手指天国与人看，最后横钉在十字架……你最后似乎忽然觉到孔子的心、耶稣的心，降临于你自己的心，你在他们伟大的人格之前低下头。这是你可有的经验。这种经验也许不含通常所谓客观的实在，但也决不是通常所谓主观的幻想。假使你认为这是主观的幻想，你不算真有这种经验。你必需真发思古之幽情，这种经验才真会降临于你。

当你只自文化中看人类精神时，你复活了已成的文化产物中之精神，你是使过去的成为现在。但是你可不觉此精神所自发，是在过去之独立人格。然而当你发思古之幽情时，你却明觉得你所崇仰之人格在过去，过去与现在之间，有不可跨越的距离。然而在思古之幽情中，你要跨越它。你忽然觉似乎踊身千载上去。这时你不是自然的复活过去于现在，而是肯定了过去与现在之隔绝，而超越现在至过去。所以你虽然努力在超越现在的你，至于千载上，你仍然感到现在之你与千载上古人距离，在你的心底。你是在今古隔绝之感上，建立今古之统一之感，这是你的心更高之发展。

六

当你发思古之幽情，踊身千载上时，你生活于历史世界中。你在历史世界的时间之流中，看出一个一个卓立人格之中流之石，你一一向他们致敬礼。你看看时间之流之每一段，都有伟大人格之出现，都有伟大之文化创造。你同时复了解时间之长流，永无终极；于是你顿想到人类未来之前途，人类未来尚可有无尽之伟大人格出现、伟大之文化创造。你对于人类未来之伟大人格、伟大之文化创造，遂有一种自然的憧憬。于是你的心，离开现在与过去，而投射向未来，对未来之更完满之人格之出现，更惊天动地的文化创造，寄一种无穷的希望赞叹。就在这种希望赞叹中，把你爱人格、爱人类文化的心，伸展至无穷。

你这时超越了一切已成之人格与文化本身，而注目在纯粹之人格出现、文化创造之可能上，你的心灵又发展至更高的阶段了。

七

当你真正能自已成文化产物中看人类精神，发思古之幽情，而想象古人创造文化之精神，并对于人类伟大人格之出现、文化创造之无穷，真有一种相信时；你的心顺着人类精神创造之历史、文化之长流，去认识由过去到未来之人类精神了。你看见在此长流中，旧波渗融于新波，新波又渗融于后波，永求充实，永求丰富，然而他们同属于一流。于是你悟到人类全体之文化创造，可以视作一具体整个之客观精神，在继续不断的表现他自己。一切伟大人格、已成之文化产物，都为此客观精神表现其自身之资具。此客观精神，在伟大人格下活动，在已成文化之产物中活动；更将复活而表现为无尽的未来的文化、未来的伟大人格。他是永远自强不息的存在，他是一切伟大的文化人格之伟大之原。你由是将对于此具体整个之客观精神本身，有一种更高之赞叹。

这是你对于人类精神最高之赞美。

当你有此最高之赞叹时，你的心真正与人类精神全体合一了。

八

但是你的心不只须与人类精神合而为一，尚须求与宇宙一切生物之生命，合而为一。人类精神固然是较一切生物之生命有更高之价值的；然而你只知道人类精神之高，而不肯寄你之精神于人类以外的世界，以发现其对精神的意义，你的精神却不能算最高。

你可曾想到，世界之生物，有数百万种？你可曾想到，人类以外之生物，每一种有其特殊之世界？

你可曾想到，树木花草生长时，他们是如何的一种经验？

你可曾想到，漫山的牛羊，它们在群中，是如何的感触？

你可曾真梦见，化为蝴蝶，成了一株古松？

这些事你不能想象，因为是太束缚于人类的世界了。

你说这莫有人全能够，这是不错的，但是你在自然世界中时，你少有如此想，也是不错的。

你当试去想想，一切生物如何经验，你试去想想，你化为他们的情形。你沉下你的心，忘掉你自己之精神，忘掉人类之世界，你试去想每一生物之特殊情调、每一生物之特殊生命价值。这将有无穷丰富的精神意义，呈现于你的心中，我现在不能告诉你。

假如你不能如我所说去做，你仍可有更高的看一切生物之精神意义之法。你可到大自然中，自满山的森林、遍野的芳草中，看出普遍的生机之流行；自冰天雪地中之一条野兽、千丈石岩罅隙中之一株小草，看出最坚强的生之意志；自一粒谷之发芽结实中，看出其所结之实，如都能生长，在数百年后便会弥漫全球；自一朵花所结之果，看出它有数千万年的祖先为历史，亦能再发芽生叶，开花结果……至于无穷；而了解每一生物都有横亘空间、纵贯时间之最伟大的愿力。其可以感动你至于流泪，如同人类精神之感动你。你当由此以充实你对于人生之体验。

九

但是你认识生物之世界后，你当认识所谓物质之世界——那是就外表上看的更广大的世界——而寄托你精神于其中，发现其对于精神之意义。

你可曾对着朝阳，想他为什么万古如斯的照着我们？

你可曾对着明月，想他为什么总是绕着我们地球旋转？

你可曾对着中宵的星空，穷极你的视线，你的心自视线穷
处，问那五万光年外的光，如何自那寂寞的空间，到我们的地
面，想那无穷的星云世界，如何弥纶那无极的空间？

你可曾想你自己是日、是月、是星、是那无穷的星云世界？

你可曾想使你的心念转动，如整个的天体转动，那样合乎规
律，那样有秩序？

你可曾想使你的心，如日月星球那样无声无臭的永远运行，
不知休息？

你可曾想使你的心，如太空之无所不容，那样宁静的安住于
其自身？

你沉下你的心，忘了你自己，忘了人类的世界、生物的世
界，你就化为整个的物质世界之自身吧！这将开辟你心灵之领
土，如同你看一切人类精神活动之能开辟你心灵之领土。

✝

当你的心体会了生命世界、物质世界之精神的意义时，你的
心开始笼罩着宇宙之全境了。你将真觉整个的宇宙如全呈现于你
心灵之镜。物质、生命、精神，在你的心中同时存在。但是当你
发现这三个东西，同呈于你整个的心灵时，你将进一步发现，这

三个东西，原是互相渗透的。物质入了人的身体，成了生命的资源；身体继续了你的生命，维持了你的精神之创造；而精神创造之表现，又以你身体之活动为媒介，以物质之材料为工具。物质流入生命，生命升到精神，精神通过生命，以改变物质。他们是循环的互相渗透。

其次，你如研究过自然科学，你当发现整个物质世界之各种物质之电子原子分子，构成一和谐之秩序。它们之间，亦互相转变。整个之生物世界（连人在内）之各种门类之相统率，亦构成一和谐之秩序。他们不互相转变，他们在造化之历程中，如树子枝干般，次第进化发展而成，在发展历程中，互相配合。

宇宙之一切存在，原来是一互相渗透、互相转变配合之一和谐之全体！当你真能体会全宇宙之互相和谐时，你将发现宇宙本身之美，宇宙是一复杂中之统一。

你有如是之思想时，你心中的宇宙之各部，自己互相贯通了！

十一

你想到了宇宙生物之进化历程，你当想到在原始宇宙中物质生命与精神，是凝而为一，而想象此物质生命精神之一体，如何一步一步的展开。首先独发展其物质性之纯物质分开，成所谓物质之世界。当时除纯物质外只有生物，包含生命与物质，而精神即潜存在生物之生命中。此时生物即为能保存原始宇宙中物质生命精神之一体者。后来独发展其生命性之生物分开，成今所谓生物之世界。只有人类独保存原始宇宙中物质生命精神之一体，而精神性特显露，遂发展而成今日之人类。所以我们说，人类乃承继原始宇宙之正统，人类精神之以物质生命为基础，正所以构成其为宇宙之中心。

当你认识这些，你心中的宇宙各部，互相贯通，同时认识此各部互相贯通之中心，是人类精神了。

十二

其次，你反省我以上所说的话之全部——你心灵开辟之过程，你知道了：你可以在你心中，包括宇宙之一切存在，你可以在你心中发现宇宙之美，宇宙之和谐。你于是可进一层了解：人类精神，不特是各部互相贯通的宇宙之中心，而且此中心是反照着全宇宙，要将全宇宙摄入其内。人类精神之在宇宙，正好似一种奇怪的喷水池中心之一喷水之柱，水自池中心四面喷散至空中，又落到池面，复将全池水吸上，至上喷之水柱之颠。

你由此将更了解人类精神是宇宙中心的意义了。

你的思想，必须出平面形成为立体。你将全了解我的话。

十三

如此，你将了解宇宙的发展，即是为呈露原始宇宙中本具的人类精神，呈露宇宙的中心而发展。

宇宙的发展，即宇宙的中心之人类精神，要呈露他自己而发展。

宇宙之发展，即是为宇宙自己要反映于人类精神中，到人类精神中去，到自己的中心去而发展。

宇宙的发展，即是宇宙中心之人类精神，如要将全宇宙吸收于其内而发展。

第五节
精神自身之信仰

一

　　然则什么是人类精神之自身？人类精神在继续发展的途中，是可有无穷发展的，那么内在而未发展的人类精神，亦当是无穷的。我们又可说因为有内在的人类精神之无穷，而后人类精神之发展无穷。

　　于是我们认识了那内在的人类精神之自身之真实性。

　　我们之努力发展人类精神，乃是取资于那内在的无穷的人类精神之自身，开发那内在无穷的人类精神之自身。然而我们永取之不尽。我们愈取资，愈开发，愈感他之无穷，愈觉他之伟大。我们愈觉他之伟大，我们遂愈觉我们小。于是我们对他赞叹，对他崇拜，向他祈祷，望他使我们更大些，使我们更能接近他。我们渴求与他合一，到他的怀里。这就是我们的宗教信仰，我们发现了我们的"神"。

　　我们所谓"神"，原是指我们之内在精神，"神"亦指我们精神要发展到之一切。所以"神"具备我们可以要求的一切价值

111

理想之全部，他是至真至美至善完全与无限。

所以我们想到他，便可安身立命，我们愿意永远皈依他。

二

但是当我们一心要皈依"神"，以求达至真、至美、至善、无限，与完全之境地，"完全无限的他"为我所望见时，"不完全的与有限的我"，在我心之前，亦同时最明显的对比出来了。

于是我们的心，将反身看我们的不完全与有限，和我们所处的宇宙之不完全与有限。我们忍不住要问"神"：

你既然如此的至真、至美、至善，何以又让我心中充满罪恶错误？你为什么让懈怠阻止我的前进，让嗜欲掩没我的聪明，让嫉妒代替了我的自信，让残忍斫丧我的同情？

你既然如此的至真、至美、至善，在我们深心中呈现，帮助我们克服罪恶错误，以实现真善美之价值，你为什么又允许时间来毁灭一切真善美的东西？

为什么你不使小孩子永保他的天真？

为什么你不使青年男女永保他的坚贞？

为什么你不使壮年志士永保他的忠诚？

为什么你不使孔子亲身设教至今？

为什么你不使耶稣在今朝复活再生？

为什么你不使我们再听见释迦说法的声音？

为什么你不使一切伟大的人格、过去伟大的文化时代，都万古长存？

你既然至真、至善、至美，想散布真善美于人间，你为什么任许多努力实现真善美的人，不为人所知。

你为什么任许多诗人，飘泊世界，无处栖身？

你为什么任许多哲人，寂寞一生，长悬天壤，惟此孤心？

你为什么任许多思想革命家、社会革命家，幽囚、逃亡、杀戮、烧焚？

你既然是至真、至美、至善，你为什么任宇宙处处表现冲突与矛盾？

你为什么使忠孝常不能两全，智慧与热情常不能并存？你为什么要任一切生物为生存而永远的竞争？

你为什么要任都了解爱的人类，互相残杀，任人类历史，充满了刀兵？

你与其静观生物相竞争，人类相残杀，使大地弥漫着血腥，

何不用你无限完全的权力，把地球上的生物与人类，移布至太空无数的星群？

让他们永不感物质的缺乏，各遂其生，相爱相亲？

三

我们想着"神"之至真、至美、至善、无限，与完全，使我

们更深切的反省到，我们自己之有限不完全，我们所见的宇宙之有限与不完全。我们看看我们自己，与我们所见之宇宙，又看看"神"，我们认识人生根本是可悲，人生根本是在一悲剧世界中。而最大的悲剧，是我们要超越我们实际的悲剧世界，去实现至真、至美、至善、无限、完全之"神"之命令，而我们不能。因为我们根本是悲剧世界之人物。我们是悲剧世界之人物，而又想不是，这成了我们心中最深的人生悲剧感。

当我们有此最深的人生悲剧感时，我们真体味到我们的人生之真实感情，我们了解人生最严肃的意义了。

四

然而最深的人生悲剧感之所由构成，乃是我们要想超化我们实际悲剧世界，而去实现至真至美至善无限完全的"神"之命令。所以我们愈感到此最深的人生悲剧感，我们愈感"神"命令之存在。我们愈想超化我们实际的悲剧世界，我们愈感"神"命令之存在，我们将愈相信他。虽然我们不知道，我们如何超化我们所在之实际世界，然而我们愈相信"神"时，我们同时愈了解"神"之至真至美至善，他之完全与无限的力量。我们于是不仅只相信"神"，而且相信"神"本身一定能化除我们实际世界之一切悲剧。我们心中只望着"神"之至真至美至善无限与完全，我们相信至真至美至善完全与无限之"神"，一定会胜利的。虽然我们不知道他如何胜利，然而我们的信仰本身，可以证明他终能胜利。

当我们相信至真、至美、至善之"神"定会胜利时，我们在我们的最深悲剧之感中，同时具备了无尽的崇高之感。

当我们真相信"神"一定会胜利，一定会实现其无限完全的真善美于世界时，我们的心专注于无限完全之真善美之"神"。我们透视过"神"之心，再回头来反省世界之一切罪恶错误、有限与不完全，于是觉一切罪恶，都是待湔洗的；一切错误，都是待纠正的；一切有限，都是待破除的；一切不完全，都是待补足的。我们于是了解一切罪恶错误有限与不完全，其自性都是不真实的，待否定的，将不存在的。一切罪恶错误有限与不完全，根本是虚妄的现象，而不是最后之真实。于是我们认识了：一切时间的流转之非真实，一切空间的限制之非真实，物质与身体之限制之非真实，一切由物质缺乏与求身体之生存而产生之一切竞争残杀之非真实，一切由时空之限制、身体物质之限制而产生的冲突矛盾之非真实。它们非真实，它们只是暂存在。罪恶错误，将否定它们自己，而存在于真善美中；有限与不完全，将补足它们自己，而存在于完全与无限中；世界一切实际事物，将超化它自己，而存在于"神"中。

一切罪恶错误有限与不完全，最后只是将超化而成为无限完全的真美善的"神"之一部。

这是我们对于"神"之绝对的信仰。

五

当我们对于"神"有绝对的信仰时，我们再来看世界，我们将觉一切有限之上，都有"无限"笼罩着，在渗透于其中；一切不完全之上，都有"完全"笼罩着，在渗透于其中；一切错误罪恶之上，都有真善美笼罩着，在渗透于其中；一切实际事物之上，都有"神"渗透于其中。一切有限，都上升入无限；一切不完全，都上升入完全；一切错误罪恶，都上升真善美；一切实际事物，都上升于"神"。

于是我们将觉"神"无所不在，神即在当前的实际世界中。实际世界处处表现"神"的光荣。一切悲剧化除了，世界原来是如此光辉灿烂的世界！

不完全与有限的、包含罪恶错误的一切，都在上升于"神"，与"神"合一。不完全与有限、包含错误罪恶的我，也在上升于"神"，与"神"合一。这是我对我们的世界，及我们自己之绝对的信仰。

六

然而一切有限不完全、错误罪恶，我们经过"神"的眼光来看，诚然都在化除，都在上升。但是这只在我们保持我们对于

"神"有绝对的信仰的时候。当我离开这信仰时，世界一切悲剧，依然在我们的眼前。一切有限不完全、错误罪恶，并不曾化除，并不在上升。然而当我们经过刚才这种绝对信仰之后，再来看世界之悲剧，我们却不只以人的眼光看，而且以"神"的眼光看。我们不复只觉人间一切悲剧之可悲，同时将对人间一切悲剧，生一种恻悯，而合成悲悯。在这种悲悯的情绪中，一方是通过"神"的眼光，来看之绝对的乐观，一方是以我们人的眼光来看之无尽的悲感。这乐观与悲感，交织渗融于此悲悯情绪之中。

在这种乐观与悲感之交织渗融中，我们将自己代表"神"，来拯救人之一切罪恶错误，化除人间一切有限与不完全，拯救我自己之一切罪恶错误，化除我自己之一切有限与不完全。这就成为我们之最伟大最严肃之道德的努力，这种道德的努力，是人代"神"工作。

七

但是"神"即人类精神之全般价值理想，他即是至真至美至善完全与无限，你代"神"工作，即是为实现人类精神之全般价值理想底工作。实现人类精神之全般价值理想，即出于你之要以你的心，与一切人类的心连接，而成为普遍心。你的心之所以要成为普遍心，由于你不愿只限于个体心。你之不愿限于个体心，由于你心之本性要求无限。所以代"神"工作，即所以满足你心之本性的要求，即所以实现你心之本性。代"神"工作，即是完成你真实的自己。

我们的结论，用中国旧话来说，即赞天地之化育，便是尽性，便是成己。

结 论

　　在你思想的开始时，你必须知道：心与所对宇宙万物之不离。

　　在你思想的第二段，你必须知道：心之自觉性的无限。

　　在你思想的第三段，你必须知道：如何在你个人之自觉性以外，体验你心之无限。

　　在你思想的最后段，你必须知道：你的心可以包罗宇宙，而知你可以代"神"工作，而重新建设宇宙，同时完成你心之本性的要求。

　　当你了解你思想之最后段，你将了解所谓现实的宇宙，只是你的心完成和实现其本性之材料。

　　这是我们所谓宇宙唯心的意义。

廿八年八月

第三部

自我生长之途程

导　言

　　当你能肯定你之生活，体验心灵之发展，知道由内心的开辟，以包摄外界统一内外时，你才真认识自我之存在，知自我是真正自强不息的求充实其生活内容的。你方要求进一步，更亲切的把握人在其生命的行程中，各种生活内容之形态与关联。所以此部中，我们以自我生长之途程为题，在其中姑提出十层自我生长之程序，即十种生活内容之形态、十层之人生境界。此时我所说是我自己，所以我不如第一、二部之用第二人称之"你"，而用第一人称之"我"之叙述语，来表达自我如何进到一层层之人生境界，在其中发现新价值、新意义，又如何如何感到不足，而翻出来，升到更高之境界。十层之人生境界如下：

　　一、婴儿之自言自语

　　二、为什么之追问与两重世界之划分

　　三、爱情之意义与中年的空虚

　　四、向他人心中投影与名誉心之幻灭

　　五、事业中之永生与人类末日的杞忧

　　六、永恒的真理与真理宫中的梦

　　七、美之欣赏与人格美之创造

八、善之高峰与坚强之人格之孤独与寂寞

九、心之归来与神秘境界中之道福

十、悲悯之情的流露与重返人间

——一至五是意指凡人之心境，但凡人多不自觉。由五至十，是意指由凡人至超凡人以上之心境。最有由五至十之心境者，是科学家、艺术家，及追求人生理想之特殊人格、修道者及圣贤等。在我作第八时，是想着西洋式之坚强人格如尼采等；作第九时，是想着印度式之神秘主义者；作第十时，是想中国式之儒者之襟怀。但其所指者当然不限于是。又此十种心境之全部，当然非我所能尽写出，我此文不过一指路碑。人重要的是顺此指路碑，而到各种心境中，去一一生活过。

第一节
婴儿之自言自语

混沌！混沌！一切不可见，不可闻，不可思想，不可了解。"我"在哪里？哪里是"我"？世界是一团黑暗，我是一团黑暗。这无涯无际的黑暗，谁与"我"一点光明？谁能听得见"我"呼唤的声音？

依然黑暗，依然静默，这静默的黑暗，这黑暗的静默！我不能发现我，我怀疑"我"底"有"；如果我再不能发现"我"，"我"将复归于"无"。

"我"不愿复归于无，"我"要肯定"我"的有。我必须在一光明中，发现"我"，我要冲破此混沌。

微光来了，真正的光明来了。那强烈的光明，射"我"的眼，"我"不能适应。"我"依然闭眼，虽然离开了混沌，到了世界。

何处来了一阵冷风，吹去了我身边的温暖？冷冷，"我"战栗，"我"啼哭。"我"的眼，在未张开以前，先流的是泪。"我"感觉初到世界来的凄凉。

眼是闭着的，"我"仍然不知"我"在哪里。

"我"到世界来，最初仍然不知我在哪里。

在母亲的怀抱中，"我"从新得着温暖。母亲的乳与我以生命力之源泉。

母亲，"我"生命所自的母亲。母亲还有她的母亲。母亲的母亲，还有她的母亲。……母亲，由母亲的母亲之乳养育。母亲的母亲，亦有她母亲的乳养育。……这乳泉，这母亲生命之精华的乳泉，这无尽相续的世世代代母亲之乳泉，养育着世世代代人的生命。

"我"在我母亲的怀抱中，吮吸着这无尽相续的乳泉。

我的眼开了，从乳泉中，透视出无尽相续的乳泉，好似乳色的江水长流。无尽的人们，在其中养育，长成上岸，分布在历史的世代，与广漠的空间。

"我"最初发现我在母亲的乳泉之旁。

母亲、父亲，我生命所自的生命。哥哥、姊姊，同出于一生命之本原，较我先生的生命。他们在我未来到世界之先，便满怀着期待；在我来到世界之后，都到我之旁。我最初发现我在诸多生命之环绕的中心。

我的眼开了，我的目光向四方周流，周流于这形色之世界。

奇怪，奇怪！如何有这万万千千的形色？

母亲的衣裳、哥姊的衣裳，有形有色；这山河大地的形色，是谁的生命所穿的衣裳？

我的眼吸收一切的色，我的耳吸收一切的声，如我的口之吮吸母亲的乳。一切的声色，流入我的耳目，如母亲的乳之流入我的口。

我口所吮吸的，是我母亲的乳；我耳目所吮吸的一切声色，是谁的乳？

安眠吧，安眠。天黑了，虽看不见白日的光明，然而听得见母亲的声音，感触得到母怀的温暖，与母亲的爱光。

安眠了，安眠。一切白日所见的，自我心中忘去，如天风之吹散浮云。

我看了一切，听了一切，我的耳目中，不留痕迹。

我也许也能记忆，但我不去回忆。

在安眠中，我心如太虚之辽阔，又好似回到混沌。

但是在母爱之光中，回到混沌，混沌是光明的。

朝霞先布满天，迎接我与朝阳，同时苏醒。

我莫有回忆，每日的朝阳，对我是同样的新妍。

一切森罗万象，每回相见，对我是同样的新妍。

新妍，新妍！"我"永远看山河大地，如大雨后的湖山之新妍。

我生活于世界，我在世界中发现我。

我在日照月临中生活，我在花香鸟语中生活。我是我哥姊的弟弟，我是我母亲的儿子。我生活之所在，即我之所在。

所以"我"就是日是月，是花是鸟，是我的哥姊与我的母亲。

"我"的世界，全部是"我"精神之所在，我信仰"我"，也信仰"我"的世界。

"我"的世界，只有一重，所以"我"的世界中，只有真实，而无虚幻。

只有生活于两重世界的人，才能划分真实与虚幻。

我对一切新妍的，都感觉奇怪惊讶，依然不碍我对一切之虔诚的信仰。我之所以觉一切奇怪，对之惊讶，正因我之预备信仰他。

当我信仰了一切令我奇怪惊讶之时，我把奇怪惊讶吞了，变成了我生命自身的新妍之活力。

第二节
为什么之追问与两重世界之划分

　　当我有疑惑的问题，我已离开婴儿的时代，到了童年。

　　问问，这为什么？那为什么？

　　"为什么"使我离开直接接触的什么，把世界划为两重。

　　天为什么雨？母亲说因为空中美丽的云霞，遇了冷风。我无暇去听雨声的淅沥，看雨后玫瑰分外鲜红；却去幻想那昨日天空中的云霞，如何遭遇冷风吹拂而下坠，也许好像我初降人间时，所遇之冷风。

　　月亮中为什么有黑影？姊姊说，因为有玉兔。我忘了我正沐浴着月光在姊姊左右；却去幻想月中的玉兔，也许如邻家弟弟的兔子，现在正在月亮中吃草。

　　"为什么"使"我"离开当前所直接感触之"什么"，离开"我"当前生活着的世界，而去揣测"什么"之所以是"什么"的，其他"什么"。

　　把所揣测的"为什么"，与直接感触的"什么"对待，我生活的世界，变成两重世界。

　　我所揣测的也许对，也许不对。对与不对之决定者，是那所揣测的世界本身。它要使我所揣测的对，便对；不然，就不对。

它是使"我"揣测的对不对之主宰。"我"不敢说"我"揣测的一定对。我失去了"我"对"我"自己的信仰了。

一切"什么"，都有他的"为什么"。

如果莫有春天的阳光，如何有遍野的花草？

如果莫有遍野的花草，母亲如何肯带我去玩？

玩的快乐，依于大地已经装饰，而大地的衣裙，是春阳所施与。

大地被装饰，是玩的快乐之根本，春阳是根本之根本。

直接生活中的玩与花草，是不重要的，可得或不可得的。哥哥告诉我，只有那客观的太阳之旋转，才是最后之决定者。

"我"失去了"我"对我直接感触直接生活的世界之信仰了。

这为什么，那为什么，所为的什么，又为什么。一切有原因，原因又有原因。这是什么，这将去为什么，所为出的什么，又去为什么。一切有结果，结果又有结果。

我为"？"所主宰，去驰逐于因果之无尽的环索。

我的小耳，听先生讲书、受教，就是要使我的心，一直扭着因果之链索，去了解世界。

我了解的遥远的因果关系愈多，离我直接生活之世界愈远，我把我直接生活之世界，看得愈不重要。

我要了解的遥远的因果关系愈多，我随意揣测犯错误的可能愈大，我也愈不敢相信我自己。"我"之循那事物因果之链索而学习，我时时都栗栗恐惧，如扭着横度大江之链索而求渡。

我知道了为什么而有什么，有什么将有什么，同时我知道去用什么来得什么。也许在我的童心中，我之爱问为什么，最初还是我曾随意动作，用"什么"便得着"什么"，由"什么"而有"什么"。于是我才想问一切之为什么——但是至少在我知道为什么而有什么时，我便想在可能范围内，用什么以得什么了。

如果天下雪，我要作雪人的头，我知道用圆盆去压雪。

如果我要书店的达尔文像，我知道用钱去买。我本于因果之知识，而自觉的用一物以作手段，而得目的中之另一物。

用手段的我，是"现在的我"；得着目的的我，是"将来的我"。于是"现在的我"本身，也好像成为"将来的我"之手段。

"将来的我"又有他"将来的我"，于是我"真正的我"，好像在那遥远的将来。我憧憬着一"将来的我"，

好像"现在的我"是为他而存在。"现在的我"本身是无意义的，意义在"将来的我"，而"将来的我"又不在现在。于是我逐渐根本忘了"现在的我"之重要。

我的手段行为，在现在，人可共见。我的目的，在将来，常只我知。

他人的手段行为，我可见，他人所怀的目的，我不知。

他人是怀抱什么目的，而有此手段之行为呢？

当我要作如是揣测时，我对他人之外表行为，失去了兴趣与信仰，而对人之内心抱着疑问。

我由婴儿成了孩童，所见的人，日日增多。

学校中的人、街上的人真多呀！每人都有一个心。

然而我只见他们的身。他们的心，对我是不可测的神秘。纵然他们都无心害我，然而他们各人心中所怀之各种神秘目的，却非我所接触。

我感到许多心在我之外，我在人群中，发现我之孤独，我与他人之心，常有不可越的鸿沟。

母亲父亲对我的爱，哥姊对我的爱，可以自他们的行为中证明。我对他们有原始的信仰，我与他们生命，原是一体。我只有回到家庭，可以使我忘去在不相识的人群中之孤独，所以我必需常自学校社会中回家。

但是我虽可回家，然而事实上，已不能常在家，而常须与陌生的人群接触，因为我已是少年了。

陌生的人群，永远刺激我，使我觉有许多不了解的心，在那一堆人影中。我心与人心之彼此隔绝，永远使我不安，使我苦痛，但我不知我之不安与苦痛为什么。

我的心在下意识中反省，我了解我苦痛之原。

我如何不苦痛呢？"我"已失去对"我"直接生活的世界之信仰，"我"已失去了我对"我"自己之信仰。"我"已不觉"现在的我"本身之有意义，而"将来的我"只是憧憬中的存在。"我"又不能常在家，而须与人群接触，而人群的心，又与"我"彼此隔绝。"我"如何能不苦痛呢？

这一切苦痛，只有一种根本的理由，即"我"之要去问"为什么"。

因为"我"问为什么，然后对世界与我失去信仰，然后以"将来的我"为目的，知道有外于"我"的他人之心。

问"为什么"，是一切痛苦之原。

问"为什么"，使"我"离开直接接触的什么之世界，而沉入其外之不可接触之"什么"。

问"为什么"，把"我"的心自直接接触的世界，向外抛出，而陷落在空虚。

由问"为什么"所得的答案，虽不是空虚。

然而什么，又有他为的什么，使"我"不能停在答案。所以最后仍然是空虚。

但我为什么要问"为什么"呢?

我现在希望的，却是不再问"为什么"，因"我"怕它又引我到空虚。所以"我"不能再问了。

我现在是为将来打算，"现在的我"是"将来的我"之手段，但是最后的将来，是"我"的死亡，这尤其是最大的空虚。

我要战胜此空虚，我不能再问什么。我对于一切，都不想再去问什么，我不去问什么，我只去要什么。

我最好返于我之婴儿期之心境，而婴儿期不再来。

我最好只留在家庭，不与一切陌生的人接触。但这亦不可能，纵然可能，而我已发现了许多与我隔绝的人心之存在。我由此而受的苦痛，需要更多的药物疗养。在苦痛中，我觉与我隔绝的人心，在对我压迫。我需要打破此曾感触到的隔绝。

我要打破我心与陌生的人群的心之隔绝。最初，至少我要与其中之一个心，打破彼此之隔绝。

这最好的一个心，同时即是遏制我之问为什么，而使我回复婴儿之心境者。

第三节
爱情之意义与中年之空虚

我现在了解：爱情何以会在少年后的青年出现之理了。

爱情，爱情，为什么要求之于异性？为什么要求之于家庭以外之异性？

这正是因为我之需要爱情，是为的补偿我在人群中所感之孤独。我要在陌生的人群中，与我隔绝的心中，找一个与我可以打破彼此之隔绝者。

我要求那与我心灵似乎隔得最远者，而打破彼此之隔绝。

异性间的性格，正是隔得最远，以致相反，而其他家庭中的异性，血缘愈疏的异性，与我隔得更远。

所以异性之为我所注意，最初觉她好像在另一世界，是一彼界的天国。

爱情，爱情，你只使我体验什么什么，而不去问"为什么"。

"为什么"在爱情中止息，"为什么"所生的空虚，在爱情中充实。

所爱的人，一言一笑，都是新妍，一举一动，都令人信仰。

于所爱的人一言一笑、一举一动，都好似直感他的原因，不待去问为什么。

爱情亦使人焦燥不安，爱情亦使人歌哭无端。我几次想逃出爱情之外，自问我为什么要爱她，我愈问愈得不着答案。

因为我之爱她，即因"我"不知为什么；我就是因为他能使"我"不问为什么，才会爱她。

爱情使"我"忘了问为什么，也使"我"忘了用什么以得什么。爱情使人初见时不好意思，爱情使人初见时难以为情。

怎么我在初见我所爱之时，会手足无措？我知道了，这正是因为我这时所重的，不是用什么以得什么，手足成为多余的了。

在爱情中，最初我不特不知用什么，最初也不知我的目的安在。

我爱一个人，追随她而行，她忽然转身问我"要什么？"我竟恍然若失，不知所答。"我"最初原不知"我"要什么。

当我吞吐的说出，我要她的心时，我并不知我说的是什么，因为我并不曾了解她的心。

我可以在朦胧中觉到我之目的，是得那神秘的心。然而我不能以我任何身外之物为手段。压雪的盆今用不着，因为盆子太不神秘了。

我要得她之心，只有把我之情怀，向她倾吐，把我之精神，向她贡献。我只能以我"现在之整个自我"为手段，以换取"对方之自我"为目的。

我此时不复是如从前之以现在之我为手段，而憧憬一将来之我，以得将来之我为目的了。

她是我前途的光明之所在，她是我将来生命意义之所托。她就是我生命之前途，就是将来的我。

而她是现在存在着的生命，她是现在存在着的"将来的我"。

我童年憧憬着将来的我，同时憧憬着其最后之死亡——那最大的空虚。

我现在以她为我之将来，而她存在着，于是死对我成不可想象。

最大的空虚变成最大的充实。

死我不能想象，死自己死了。于是我获得两重生命。其中一重，在我自己之儿子身上，具体表现出。

我的儿子是我之另一重生命，即我之化身。

我的儿子，最初是婴儿。于是在爱情中，"我"觉我将化身为婴儿，"我"憧憬着，我复归于婴儿。

当我自己是婴儿时，母亲养育我，母亲创造我。我现在想去诞育婴儿，即是希望我爱情的对象，成未来的母亲，我现在也在创造另一种母亲。

而我是母亲所创造，所以这只等于母亲在创造她的同类。

这尚不仅是我母亲的意旨，也是世世代代母亲的意旨。

在爱情中，我体验到世世代代母亲之意旨，我只是在承顺她们，我真复归于婴儿了。

我复归于婴儿，爱情将去诞育婴儿。婴儿成长后，复将诞育其婴儿。

"我"将化身为无尽的婴儿，在无尽之将来出现，"我"获永生。

在爱情中，我不问为什么，诞育的婴儿长成，在爱情中也不问为什么——我现在由爱情以创造婴儿，同时也创造了婴儿成长后之爱情中之"不问为什么"，所以"我"现在是绝对的"不问为什么"。

当我实际上生了婴儿时，我自己知道了：我之爱情是为什么。

但是当我知道我之爱情是为什么时，在那一刹那间，我即不能真体验爱情之什么。

我觉到爱情是一工具，我即离开了爱情。

我与她之爱情，成更高的友情。我的爱情，移到我的婴儿。

但是我的婴儿的心，不是我的心。他愈长成人，愈离开我。

我的心，系带在我的婴儿身上，他离开我，使我也觉离开我自己。

只有在我儿子回转精神向我，对我表示孝之敬爱，"我"才回到"我自己"，"我"才是"我"。

我于此才真了解：我不孝父母，等于毁灭父母。

我应当孝我的父母。然而我的父母，不能永远承受我的孝，因为我的父母，将要死亡。

我希望我的儿子，永远承顺我。然而我的儿子，不能永远承顺我，因为他要成长。

我儿子成长后，待他也有儿子时，可以知道孝我。然而我这时总难免在深心怀着恐怖：我在生命相续的连环上两头的环，都会一齐拉断，而把我抛入无际的空虚。

我的恐怖逐渐的增强，我觉我快要掉在我生命所系托的连环之外。

我忽然抬头一望我生命所系托之连环，一环一环上摩霄汉，然而其端是悬在渺茫的云中，其下也不知落到何所。我不知我——之祖宗为谁，子孙是些什么。我再看其他与我同时存在的一切人，其生命所系之环连，也莫不如是。

但我尤怕：我现在即要自我所系托之生命之连环降落，"我"想去握与"我"同时存在的人之手。

第四节
向他人心中投影与名誉心之幻灭

和我同时存在的人,何等的多呀多呀!他们是一陌生的人群。我记起陌生的人群之不可测的心、与我隔绝的心,曾使我苦痛的事。

"我"现在要想与他们的心有某一种联系,而打破"我"与他们间之隔绝。

然而"我"如何能一一与他们彼此打破隔绝?"我"如何能使"我",为他们一一所系念。

我于是在壮年需要名闻与荣誉。

名誉名誉!你使我为一切人所系念。

与我隔绝的心,不复与我隔绝,你把我与一切生疏的人连系。

当我有名誉时,我再不孤独。

陌生的人,都知道"我"。"我"看见知道"我"的人之面孔,"我"便知道他人心中,嵌上我的名字。

"我"在他人心中,看见"我自己","我"自己生命扩大了。

只要他人存在，我不怕我死，以至不怕我子孙之断绝。

典籍碑石，留传我的名字。"我"在莫有生命的东西上，也看见"我自己"。

"我"在他人生命中永生，在莫有生命的东西中永生。

如果我有大名，穷乡僻壤都知道"我"。

"我"到任何处，将不感寂寞，因为都有人知道"我"。

"我"缓步微行，经过四望的平野，踏上羊肠的小路，听见桥边水声，桥边有小学校。我听见先生讲书，提到我的名字。我从窗外走过，他不知道"我"是谁，但"我"知道他讲的就是"我"。

这一种情味，就是有名闻的效果。

我望有大名，我要大名。我遥望见那茅舍的炊烟，随风吹织成文。

这炊烟，好似随风吹织成文字，那似乎是我的名字。

风似乎吹我的名字，到山坳、到山顶，山顶是落日的霞彩。

灿烂的霞彩，也似乎结合成我的名字。

我恍惚见霞彩满天，"我"的名字，由霞彩辉煌的锦绣在长空碧宇。

名誉是可爱的。

但是无限好的夕阳，变成黄昏，茅屋上不见炊烟，但闻犬吠。"我"想着一犬吠影、百犬吠声时，使我对名誉，忽然憎恶。

名誉之在世俗的人们，只是一声音。世俗的人们，传播人的名誉，是当作新闻与闲谈的资料。

如果我的目的，真只在使我的名字留传。这几个字何书莫有，散见与连起，有何差别？

如果"我"生来不用此字作名字，这几字留传了，又何尝是"我"？

人们用称扬之辞，织就我之名誉，如锦绣的彩衣；当我初穿上彩衣时，也未尝不觉足以扬眉自诩。

然而人们之称誉他人，总是依他们自己眼识与见解；人们与"我"之彩衣，是照人们所想的我自己之身材裁剪。

人们常把他们自己的思想、情调，与希望，向成大名的人身上编织；把他们随意想象而裁就的衣裳，一概给他穿上。

如果历史上的成大名者，一朝复生，再来看他所披之重重锦绣；他第一步是发现他自己是穿得臃肿不堪；第二步是发现他在哈哈镜中，被人们不同种类之赞扬，东拉西扯，不成样子；最后，是现代人，正还强迫的用锦绣披上他的头，他将根本不知他自己是在何处。

可笑的是：现在争名者，还在珍惜人们偶然送他之锦衣一袭，他不顾其合不合身材，穿上便郎当乱舞。

一群郎当舞袖，袖袖相挥，竟忘了他们身体在不合身材舞衣中，东倒西歪，因为他们要勉强继续去适合那不适合的舞衣；更忘了送他舞衣的人们，现只在旁冷眼看戏。我现在才知道，求名亦复是可笑的。求名会使我失去我自己。

第五节
事业中之永生与人类末日的杞忧

为求名而求名，是人生的虚幻。只在为扶助事业而求名，是可容许的。

然而当我们为事业而求名时，我精神的重心，已不是在求名而在求实。为求实而求名者，如果在名誉可以妨碍他所求之实时，便牺牲名誉。

我感到求名的虚幻，我现在要求实，作一真正的事业。

事业，事业生根于地上，它集合许多人共同努力。然而许多人共同努力之目标，是事业之完成。

在"我"从事事业时，以客观的事业之完成为媒介，"我"与他人的心，才互相了解沟通，而破除彼此之隔绝。

"我"与他人，由彼此外表的行为之合作，而使我与他人的心沟通。我们之行为，连系在一客观存在之事业上。

"我"在客观的事业中，与他人之行为的合作上，直接感触人我之无间。

事业吸住我与现存人们的心，也吸住未来同志们的心。

在事业之发展上，我们真可看见：我们生命之通于未来人的生命。

"我"在为事业而从事事业时，"我"在地上，获得永生。

"我"之血汗，在农场中；"我"之血汗，在工厂里；"我"生命之轮，随机器之轮转动。我死后，只要这机器一天有人继续的推动，"我"的生命亦运行不息。

事业事业！一切事业我都想做，我都要做。

这社会千千百百的事业，每种事业，集合多多少少人的血汗。

每一种事业，多少人和衷共济，多少人分工合作。

合作合作！相辅相成的合作，在合作中，看见人心之联成一体，社会之相续不断。

无情的机器，联结了多少人的意志与精神！这使"我"凝目注视时，流感动之泪。

当我从事事业时，我忘了我生命之微小。当我把整个社会进步，当作人类之共同事业时，我觉到"我"生命，与一切人类生命之相通。

我现在不要名誉，我愿在无人知道的地方，去帮助一事业之完成。

当我在工厂中，把纸制出。"我"知道纸上将写他人之名字，但"我"见纸之制出，即有无尽之欣喜。

当人们觉我有名闻时，我还是在人心之外，与人有一种距离。然而当人们绝对忘了"我"，"我"工作的成绩，悄悄的表现人之前，为人所享受时，"我"却真与人无间隔。"我"通过我工作之成绩，融入人们之自己了。

在无间隔的人与人间，彼此常是忘了彼此之名字的，如在家庭之母子兄弟间。

所以在男女之爱情中，彼此的称呼去了姓，只留名；把双名变成单名；再到换成其他称呼；又到不要称呼，即爱情进步的象征。

理想的社会中，人们分工合作，以从事各种事业；人与人间精神都无间隔，如家人；彼此相见时，但微笑招呼，也是会常常想不起彼此姓甚名谁的。"我"如此想。

事业事业！事业使"我"精神生根于地上，使"我"在地上永生。但是"我"从事事业，"我"又怀疑事业。"我"想着我个人事业的前途、人类共同事业的前途，使我忧惧，使我悲伤。

事业，事业，事业有成有败。

事业成，许多人合作；事业败，许多人分散。

如果只有通过事业，人们才有心的联结；事业坍塌时，人们的心，亦如建筑崩倒时之四散的砖瓦，不仅心散，而且心碎了。

说人类共同的事业，是为社会的进化。

然而社会的进化，有什么保障？

"我"已看惯了历史上的治乱兴亡！

未来的前途，在现在渺茫！

人类共同的努力，应向何方？

——我对人类未来的命运，抱着杞忧。我想着整个人类之过去现在与未来，我对整个人类之努力与奋斗，生无穷的同情之慨叹。

相传盘古死了，血成江河，肉骨为青山黄土。

女娲氏又抟土为人——她也许是盘古生前的情侣。我想到她抟土时内心的凄楚。

然而盘古死了，只留黄土；自土制造的人，将复归于土。

盘古可真能复生，再来顶天立地，人类永为宇宙的支柱？

我从事事业，与一切人们，努力于社会进化之共同事业，我可以怀抱此理想。

但一切的保障，依旧渺茫！

科学家说，太阳的热力终当分散；全宇宙的热力，都要四射，把空虚填满；一切用了的热力，便一去不还。

我们的地球，当日益僵固，地球之末日，是雪地冰天。我想着地球的末日，也许还有最后一人存在，伴着一条犬。

他在那里看太阳光逐渐的黯淡。

他由科学的计算，已知地球的寿命，此日该完。

他再去把图书馆中的人类历史书，凝目注视，这历史之最后一节，是他亲手作成的。

他想着人类若干之努力奋斗，诚然可歌可泣，他会悲从中来，忽然流泪。

然而泪珠落下，即被冷风吹结成冰，并不能浸湿书篇。

第六节
永恒的真理与真理宫中的梦

但是科学家的预言，可是真理？人类事业的前途，究竟怎样？

真理，真理，我忘了我上想之一切，而注意于真理。

什么是真理？一切什么之所以然，是真理。

我问什么，那是为要知其所以然，知其所依之真理。我们之所以要问为什么，即因为我相信真理存在。

我为什么要问为什么，我以前不知道，我现在知道：是因为真理存在。于是我可说，不是我要去问为什么，是真理之存在，呼唤我去接近它。

真理吸引我们去接近它，使我超出直接生活之世界。

真理破坏我对直接生活的世界之信仰，是为的启示我以广大之世界，是为的使我更相信它自己。

如果我能逐渐获得真理，我相信了一真理之世界，我将不叹息我直接生活之世界，在"为什么"之下丧失。

"为什么"，所为的什么，又有其所为的什么。如果我们之目的，只在知事物发生与终结之最后的因与果，我之不能得最后的因与果，诚将使我感无归宿的空虚之苦。

但是如果我的目的是在得真理自身，知如此因必有如此果之真理，或其他之真理；则每一度的问，如果得着真理，便是永恒而普遍的真理。每一真理都是一当下的归宿。

真理世界的真理，有深有浅，有概括的多与少之不同。然而只要是真理，它便放出永恒的光辉，普照寰宇。

当我求真理时，我因为有错误的可能，而不敢相信自己。

但是我不敢相信我自己，因为相信我对真理的信心。

我的信心，系托在真理；我即以真理之所在，为我自己之所在。

当我求真理时，我会犯错误，然而一切错误后面，背负着真理。

当我不知道我犯错误时，我所想的，仍有是真理的可能。

这是真理的可能，也是真理的光辉，自云外透出。它照耀着我。

当我知道是犯错误时，我同时必已知道真正的真理。当我知我错误时，我似被真理之手推开，将远离真理，而自云中落下；然而真理之另一手，即把我抱在怀，上升云里。云上是真理之日光所映照之霞彩。

真理，真理，无穷无尽之真理。天文的真理，地质的真理，生物的真理，数学、物理的真理，一切学问的真理。

真理之海无涯，任我游泳；真理之光无尽，我遍体通明。

我知道天文的真理，我心驰骋于太虚，攀缘着星，向宇宙之边缘跌去。我知道地质的真理，我游神于地球之初凝结成的情况。我知道生物的真理，我最难忘的，是在古生物学上所讲的恐龙与大蜥蜴；我幻想它们数十丈的身躯，很小的头，曾在喜马拉雅山下爬行。还有那最抽象的数学上所讲的，可能的四度五度空间，及物理学化学上所讲的，如太阳系一般之原子世界之种种真理。

认识真理，使我心胸广大。努力了解真理，才知世界的秘密，原未贴上封皮。

真理，莫有真理，即莫有世界。一切世界事物之所以存在，所以变化，都是因负荷一真理，表现一真理。

如果莫有天文地质的真理，如何有运转的星球、运转的地球？如何地球岁岁有阳春？如果莫有植物的真理，如何有遍地的桃花？如果莫有生理的真理，如何有桃花下的美人？

真理，永恒的真理，永远不厌不倦的表现。同样的桃花之理，再表现为桃花；同样的生理之理，再表现为美人。

去岁桃花谢，今岁桃花开；桃花去不回，真理去复回。真理不去亦不回，桃花年年开又开，好景年年不用催。谁说人面桃花不再映？君不见花前代代美人来。

但是我现在已不须去游春，看桃花下的美人，我已看见了永恒的桃花、永恒的美人，与永恒的阳春。

真理，普遍的真理，同一的真理，表现于不同的空间与时间之不同的事物——大大小小不同之事物。

真理把不同时空中之不同事物连结。

"千里相思，共此明月"，明月贯穿着我与我一切所思人的心。我心登青云端，我在瑶台镜中，见我一切所思人之影。我心透过明月，通到我一切所思人。

如是，我看窗前一株桃花，我知桃花之理贯穿一切桃花。我透过桃花之理，我的心也便通到一切的桃花。如是，我可以由任一事物之理，而通到表现有同一理之一切事物。

转动日月的吸引律，也同时转动花上的露珠。我在极小的花上的露珠中，透视出日月之轮转，横遍大宇，古往今来的一切星球一切事物之轮转。

而我的眼球之轮转，也本于同一之吸引律。

真理使我在一沙中看世界，一花中看天国，而忘了我用以看之眼。

因为眼之一切运动，也只是在表现物理生理上之真理。

我只看真理之表现，连我之看，也是真理之表现，我的世界中只有真理，真理是一切。

不是我去看真理，只是真理看它自己。

真理，普遍而绝对的真理，包括了我，我在真理中永生。

真理，真理表现为世界万物。莫有真理存在，世界万物不会存在。然而纵然世界万物毁灭，真理仍然存在。

现在世界已莫有恐龙与大蜥蜴，然而恐龙与大蜥蜴所以生之理，仍然存在。现在世界已莫有大帝国与井田制，然而大帝国与井田制所以形成之理，仍然存在。

纵然一切星球，都成灰烬，世界到了末日，万有引力律，仍然是真理。真理不表现，它仍在它自身。

宇宙莫有星球相吸引的现象，然而万有引力律吸引住它自己。

世界毁灭了，世界一切事物所以生成的真理，在真理世界中休息；世界事物所以毁灭之理，在表现它自己，而此理永不毁灭。

真理，永恒普遍的真理，先天地而生不与天地俱毁的真理。

这永不毁灭的真理，我爱他。

我作了一个梦。

我永爱真理，我献身于真理之探索。我攀缘着自天上掉下来的真理之绳索，要上升于真理之世界。

我攀缘着真理之绳索上升。我见真理之绳索，在下面愈分殊，愈到上面，许多细绳索，便交结起来愈粗。愈在下面，我愈怕绳索会断；但愈到上面，我握着更粗之绳索，便上升愈易。更到上面，我便发现我根本不须用力攀登。绳索结成的网本身，便在把我拖上。我忽然似乎到了最高处，见所有的绳，一齐向天收卷起来，逐渐透明长大，好似夭矫的龙。

问龙住何处？原住水晶宫。

我看见一水晶宫。这水晶宫大如一水晶世界，原来我真在一水晶世界，何尝见水晶宫？

我见此世界一切，都是水晶，彼此透明，互相映照。我了解了真理之世界，原是互相映照，互相摄入之全体。

啊！好纯洁、光明、莹净的真理之世界，一切纤尘不染，一切灿烂如星，这永恒的真理之世界。

啊！这纤尘不染的水晶世界，任下方的世界，如何动乱与喧嚣，你永是纯洁、光明、莹洁而坚贞。

我看见我自己也纤尘不染，我心中虚莹无物，我亦如复归于婴儿之一种心境。但是我渐觉水晶之光射我，使我觉寒冷，又似乎有一冷风吹我下地。

我注视我在水晶世界中之影子，是毫发毕露。然而我忽然发现，我的衣裳不见，我成裸体。我方觉奇怪，再看我已只余骨骼。忽然骨骼亦不存，我只见一大脑髓，其纵横脉络，丝丝入画。此脑髓，在膨胀，愈涨愈大，似乎水晶世界中之脑髓，在跳舞，光影撩乱。我觉脑髓亦不知所终。

然而脑髓虽不存在，我的恐怖仍在。我恐怖而呼，原来是作了南柯一梦。

第七节
美之欣赏与人格美之创造

我从梦中醒来，犹余恐怖。在梦中我觉脑髓虽不存在，而我恐怖之情仍在。我了解了，我不只有理智的脑髓，还有情感。我不仅需要冷静的理智，我还需要温暖的情感。

我不仅需要永恒的真理之存在，我还需要永恒的真理之具体的表现。真理是抽象的，无血肉的，只有具体的表现的真理，才是有血有肉的。有血有肉的真理才是美。

真理要我超出直接感触之世界，美则使我们重回到直接感触之世界，而于其中直接感触其所表现之真理。

美是现在的永恒，特殊中的普遍。

美，美，我在美的欣赏与创造中，战胜了无穷的时空之威胁。

谁说宇宙大？当我凝神于一座雕像，那一座雕像，便代替无穷宇宙。

空间，无尽的空间，它不出我的视野，我的视力笼罩着全部空间。

当我凝神于一雕像时，我全部视力，沉入雕像中，也同时将其所笼罩之全部空间，一齐沉入。

我忘掉无穷的空间之认识，才能凝神于雕像；所以当我凝神于雕像时，雕像的空间，即代替了无穷的空间。

谁又说宇宙是无尽的悠久？何处渔歌惊晓梦——忽尔渔歌顿歇，但闻波心摇橹；我顿忘了人间何世，我才知"欸乃声中万古心"，一声欸乃，代替了无尽的时间之流水。

普遍的真理，表现于不同的时空之事物，把不同之特殊事物贯穿，但是它不能把不同特殊事物之"特殊性"贯穿。

一切美的景象，都是各部分不同、各呈特殊性的复杂体，而复杂中有统一，可以使人忘了复杂之存在。

"山虚水深，万籁萧萧，古无人踪，惟石嶕峣。"你不觉山水石之存在，但觉一片荒寒，使人思深，使人意远。

帷幕开了，电光下的人影，静聆台上演奏着交响曲。无数音波荡漾，交响如潮。然而音波正好似海波——于海波起伏中，我们忘了不同而特殊的海波之独立存在，但觉其存在于大海。

音波的起伏，亦使我们忘音波之独立存在，而但觉其存在于音海。

各种艺术的各部，须要彼此和谐，即是说我们必须忘了各部之独立存在，而各需通过他部来看它之存在。

艺术品的各部之各通过他部而存在，正如海波之互相通过而存在。

所以在美的和谐中，我们有了不同而呈特殊性之各部，所构成之复杂，而复杂销融于他们共同之统一中。

　　有特殊而特殊销融，如是才真统一了特殊。

　　特殊销融于统一中，统一亦即在特殊中表现。

　　特殊中表现统一，统一不碍特殊，于是每一艺术品，都是独一无二。

　　独一无二，使艺术品成为一真正之绝对。

　　一切真理都是相对，只有绝对真理是一。

　　一切艺术品，都是一绝对；一切艺术品，都是一绝对真理之表现。

　　我欣赏、创作任何艺术品，都须视之为绝对；我在每一艺术品中，直接接触绝对真理。

　　于是，我在任何艺术品之欣赏创作中，均宛若与绝对真理冥合。

　　我可以把一切宇宙万物，视作艺术品而欣赏之，凝注我之全部精神于其中，我将随处与绝对真理冥合，而获永生。

　　我不只是自一沙中透视一世界，一花中看天国；一沙即一世界，一花即一天国。

　　一切美的景象，离不开声色之符号。声色之符号，由感官去接触，感官属于我之身体。

我从声色中，欣赏美的景象，我同时印证了我感官之存在、身体之存在。

我的精神，于是从脑降到身之他部，通过感官，到声色之美，到美所表现之真理。

如此，在美的欣赏与创作中，我才会同时感到心与身之沉醉。

醉了的心弦与脉搏及身体之各部，同时跳动，因为他们为真美所鼓舞，亦欲飞升。

飞升，飞升！身体由沉重化为轻灵。精神的翅膀，已在天上翱翔，我的身体，如何还不上升？

我的身体何须上升？以我美丽的灵魂来看，我的身体已为一艺术品。

他本是美的表现、美的创作，他应当地上存在。

我的身体何须上升？我的精神、我的生命，可以凝注在一切物而视之如艺术品。一切存在物都是艺术品，都是我精神生命凝注寄托之所，便都是我的身体。我的生命，遂无往不存！

我的生命，是日光下的飞鸟，是月夜的游鱼；

我的生命，是青青的芳草，是茂茂的长林；

我的生命，是以长林为髯的高山，以芳草为袍的大地；

我的生命，以日月为目而照临世界，照见我在长空中飞翔，在清波中游泳。

我所生活之所在，即我之所在。我信仰我，也信仰世界，亦如婴儿。

但是婴儿不自觉他所信仰的世界，即是他自己之所在，而我却能自觉。

婴儿不知道他的身与万物之分异，我却知道。

但是我知道万物与我身体之分异，我仍能把万物作为我生命精神流注之所，视如我之身体。

我看一切都感新妍，都觉惊奇，亦如婴儿。

我不只是觉一切之新妍，我是时时在发现一新妍的我。

我于一切都惊奇，但我不把惊奇，吞为我有。我赞叹一切惊奇，歌颂一切惊奇。

我不须把一切的惊奇，吞为我有，因为一切的惊奇本身，即我生命之表现。

如是整个世界的形色，都是我生命的衣裳。

我耳目之吸收一切形色，即自己吮吸自己之生命泉源。

整个世界之形色，是我自己生命自身所流的乳。

我的生命之泉源，在宇宙万物中奔流；我在宇宙万物中，发现我无穷无尽的生命。

我欣赏一切自然物，赞美一切自然物，视一切自然物如艺术品；我更欣赏我自己或他人在自然中所创造之艺术品。

我欣赏图画，欣赏音乐，欣赏一切艺术。

我欣赏各时代之图画，各时代中各派之图画，各派中各家之图画。我欣赏各时代之音乐，各时代中各派之音乐，各派中各家之音乐。我如是欣赏一切艺术，我欣赏之兴趣，无穷无尽。

我以所欣赏者之美所在，为我生命意义之所在；我在欣赏之生活中，沉没我自己。

美的崇拜，始于欣赏自己之创作，终于欣赏一切人之创作、一切自然之创作。欣赏之趣味，成为无尽，然后美的世界，才能无尽的展开。

在无尽之欣赏中，所欣赏的每一艺术品，亦都是唯一的，绝对的。然而当我只注视一切所欣赏者之绝对性时，我自己接触了种种之绝对，我自己却成莫有绝对性的了。

我在无尽之欣赏过程中，在一切自然的万物、他人所作的艺术品中，追寻我之生命意义，我原来的个性，渐渐丧失了。一切中都有我，然而我却莫有我。

不错，一切是我，我是一切，那等于一切是一切。我呢?

我忽然想：我之沉没于欣赏生活，会使我一无所有，我快要成另外一种混沌——艺术的混沌。

我要肯定我自己，我要把捉住我的个性，我要恢复一我。

我要把捉住我之个性，我要重新欣赏美，而注重创造美。

但是我此时，已不能只以创造一艺术品为自足。

因为创造一艺术品，创造成，它便离开我，而只是我欣赏的对象之一，是与其他一切自然的人造的艺术品平等的。

我此时反省到我创造之艺术品，固是唯一的，绝对的，然而一切艺术品，都是唯一的，绝对的。

一切都同等的是唯一、绝对。唯一性、绝对性之分布于不同之艺术品，成许多唯一、许多绝对。于是唯一不是唯一，绝对不是绝对。

此见我所造之艺术品，并不能表现"我"之为"我"，因"我"之为"我"，是唯一的唯一、绝对的绝对。

我所造之艺术品，创造成了，便离开我，而为唯一之一，不复是唯一。

我要表现我之唯一，只有永远去创造艺术品。

然而纵然我一生永远在创造艺术品，我最后所造成之艺术品，仍将离开我。我死时，将感到我生命之表现，全落在我生命自身之外，我生命自身，仍一无所有。

于是我知道：我要表现我之唯一与绝对，我必须不只去创造客观的许多艺术品；我当创造一真正唯一、绝对，而与我永不离的艺术品。

这只有把我之性格，自身当作材料，把我之人格本身，造成一艺术品——我的身体为我所欣赏，虽可视为艺术品，但它是自然的艺术品，不是我所创造。

我之性格，永远与我不能分离，与我俱来俱去，我只有依我之性格，把我之人格，造成一艺术品。我才能真永享有此艺术品。

我之人格，是亘古所未有，万世之后所不能再遇。

这是唯一的唯一、绝对的绝对。我只有把我之人格，造成一艺术品时，我才创造了宇宙间唯一绝对的艺术品，才表现了我之唯一的唯一、绝对的绝对。

我于是了解了：我要求最高的美，即是要求善。最高的美是人格的美，人格的美即人格的善。要有人格的善，必需以我之性格为材料，而自己加以雕塑。

我需要自己支配自己，改造自己，以我原始之性格为材料，我要把自己造成理想之人格。

第八节
善之高峰与坚强人格之孤独寂寞

"我"自己支配自己、改造自己，"我"自己把自己雕塑。

"我"在我自己内部，用锤，用钻，雕刻塑造我自己之原始性格。

"我"与"我"自己之顽石奋斗，"我"与"我"自己战争。"我"在"我"自己之内生，"我"在"我"自己之内死。

求美时心中有陶醉的欢悦，真理中亦可以透露美；求善永是坚苦的工作。求人格之美求善，最初尚须表现丑，在自我战争中，先破坏我生命之自然的和谐。

善，严肃的善，我如何能获得你？

善，价值世界的高峰，多少人在你之前，颠蹶退却而跌死！

然而"我"不能不有善，只有善能完成我的人格，完成我之唯一的唯一、绝对的绝对。

如果"我"不能完成我之唯一的唯一、绝对的绝对，"我"便不是"我"。"我"要是"我"，便不能莫有善。如果"我"莫有善，"我"便莫有"我"。

"我"未获得善，"我"还不是"我"。

"我"还不是"我"，我纵然求善而跌死，又何足畏？跌死另外的东西，于我何足惜？

求善之本，在有坚强之意志。我有坚强之意志，"我"哪怕摩天的峻岭。

"我"不断攀登，我一方看见山高，同时认识我内在自我之高卓，望见我理想人格之光辉。

坚强的意志拖着我，奔向日月的光辉，开出上山之路。

我回头看我生命史，发现出一贯向上发展之人格。

"我"了解了理想的人格形态，是意志之绝对的坚强，这是本于无数的意志之努力，所凝炼而成。

每一意志，都是一种去统一人格之活动。绝对坚强的意志，由无数意志之努力凝炼而成，那它便是统一之统一。

"我"的人格本身，成至美而达于善，"我"的任一行为，都是一艺术之创造。每一艺术创造，是一特殊之统一。"我"的一切行为，互相贯彻，同是我坚强人格之表现；我的人格，便是一切特殊的统一之统一。

"我"的一切行为，互相贯彻。我的每一行为，在我全人格中有意义，以贯通于我过去将来之一切行为。

"我"的每一行为，都是一艺术创造，都使我在现在获得永恒，这是一现在的永恒。

我自觉我之每一行为之意义，都通于我全人格之一切行为，我即获得现在的永恒之永恒。

"我"的行为，通过我的身体，连系于实际的世界。

"我"坚强的意志，上达于天，下达于地。

"我"的身体，是表现我的行为之资具，同时表现我的人格。

"我"的身体，透出我人格的光辉，而成气象。

我立脚在大地，以我的行为，散布我人格的光辉在人间。

"我"以口宣布我之理想，以手向人招，手口都负着理想的使命，而成精神之存在。

我的身体，亦不复要求飞升于天，因为我坚强的人格，站立于宇宙间，如泰山乔岳。我可以我之手攀摘星辰。

"我"自以为"我"已造成我理想的坚强人格，"我"仰首攀摘星辰后，"我"举头天外望，我感到"我"之真正尊严，灵魂之无尽的崇高。

我本于我之人格而特立独行，"我"自觉已完成我之人格，我已得着"我"之真正的唯一与绝对。

"我"真完成了我自己，"我"真肯定了"我"自己，我好似又投胎降世，成一新生的婴儿。这婴儿是我自己诞育的。

但是"我"之所以能完成我之人格，本于善之理想。

善之理想本身，是客观的，普遍的，"我"现在要以我之特殊人格，去负担把善之理想传到人间去之责任。

"我"以身载道，以特殊的我载"普遍"的善之理想，而运至人间。

我知道别人亦是一特殊的人，我并不把人与我混同。

我知道每一特殊的人之自我，都是与我同样尊严高卓，"我"对一切个别的人，怀着无尽之虔敬。

但是"我"要希望我们一切特殊的人，同实现此善之理想，那神圣的善之理想。

"我"现在希望的，是人各由此善之理想，成其唯一的唯一、绝对的绝对；

如是，各独立的人格，将由善之理想而统一，而善之理想，又即在各人的人格之自身。这是我希望的人与人的人格之内在的统一。

这人与人间，彼此互相以虔敬的情绪相待之人格的统一，我要去实现它，我在抱如此之希望中，获得永生。

"我"以口向人宣布这善之理想，"我"以手向人招，"我"自以为"我"的人格，已坚强不拔，我站立在山岗大声宣道。然而——

山岗，山岗，这离人间太高远的山岗，谁听得见我的声音？谁听得见我的声音？

我以手摘星辰，这是永恒的善之宝珠，它有无尽的光辉。我把它摘向人间抛去，然而到了地上，都成顽石。

我再上升苍穹，去摘那有更大光辉的星。

但愈上升，我愈感上空的寒冷。呵，精神升得愈高卓的人，愈将遭遇天上的罡风。

天风吹星，摇摇欲坠。"我"自己也将如失去了善的光辉之照耀。"我"忽然发现"我"自以为坚强的人格中之软弱，我感到莫有人听见我声音之寂寞与孤独。

真正的寂寞、真正的孤独，在什么时候来临？只在你怀抱一善之理想，要人信从，而人不理时来临。其余一切的寂寞与孤独，都易抵当，唯有道不行的寂寞与孤独，使我觉自己在黄泉道上，一人来往。

这一种寂寞与孤独，我无从抵当，除非我把我的理想抛弃。

然而我如何能抛弃我的理想？

不然，便只有不爱一切的人们，让人们永不见理想之光。

然而人们如不见理想之光，将使善之理想本身更寂寞。

我爱那善之理想，我不忍善之理想感寂寞的悲伤。

所以我只有永远承担这寂寞与孤独之苦，而仍要把善之理想宣扬。

宣扬，宣扬，在此深夜中，谁听见我的声音，来自高岗？人们都已入睡梦茫茫；我只感山谷中的回声，令我凄怆。我声已嘶，而人们之鼾声大作，鼾声如雷，我再也不能与之争声之大小。

我力已竭，不能久站在山岗。我倾跌了，跌伤了我坚强如铁石的心肠。寂寞使我疯狂。

我坚强的意志，不自认受任何的伤，只是寂寞使我一时疯狂。

朝霞先布满天，迎接我与朝阳，同时苏醒。

我又立窗前，向尘寰眺望。

我现在对庸俗愚痴的人们，已断绝希望。

庸俗，庸俗，我要与之远离。

如果我永向庸俗的人们宣道，我将沾染庸俗。

我纯洁的人格，不能为污秽玷染。

我要到清流中沐浴，因为我说话曾向着庸俗。

我要自人间社会隐遁，我要逃入深山；我要乘桴过海，到那无人迹之地去，与鹿豕同游；我爱荒僻处的乱草寒烟。

第九节
心之归来与神秘境界中之道福

我远行。

远行，行渐远。

我释去我责任的重负，我快步如仙。

悠悠的长路，日光静默的照着我之影。

我清影度寒潭，此地是绝无人迹之世界。

我自顾我之影，我自呼我心之归来。

归来，归来，自尘世中归来！

归来，归来，我要看我自心之影。

归来，归来，心归来了，你可平安？

心平安归来了，我与你同坐柳阴下，看晚霞，静待黄昏，再迎接我们永爱的天上繁星。

静夜复来临，夜气清且宁，我与我心，都如冰雪之莹。

四野何悄悄，万籁寂无声。我心向内沉——沉——沉入我灵根。

沉——沉——我心向内沉。呼吸，呼吸，我在我灵根中呼吸。

呼吸，呼吸，世界为我所吸，世界在我内部呼吸，世界的脉搏，在我心中跳动。

世界，世界！何处是世界？世界是一片虚明。

渊的虚明，渊的虚明，渊的深，渊的深，这无底的渊深，是世界的渊深、心的渊深？

渊深，渊深，渊深中的寂静，寂静中的渊深。

寂静，寂静，寂静中的无声之声。

静夜，静夜，我心之静夜，静夜中的心之光明。

我闻，我见。我闻我之闻，我见我之见，我自见自闻。"见"见了他自己，"闻"闻了他自己，"觉"觉了他自己。

"觉"在天光中自照，"觉"在天乐中自闻。

渊深，渊深，如万顷清波之渊深。波光荡漾了，波顶灿烂着流光之明，如天之星。

这灿烂的流光，流光，原是万象在我心中浮沉。

浮沉来去，来去浮沉，万象家何在？波息还归水，依旧碧澄澄。

波复翻，浪再吼，这静悄中，复闻喧豗。喧豗，喧豗，如万马千军，地动天惊。

波还逝，浪再停，依旧碧澄澄。

168

"心"，"心"，无穷之广大，渊深，万象之主宰，真正的先天地而生。无始无终，绝对之绝对，永恒之永恒。世界毁坏，你万古长存。

世界，我们常见之世界，对我们广大无垠。在你，在你无尽之觉海，它如一波。一波逝，一波兴，生成毁坏，毁坏生成。无穷的世界，在你之中，来去成毁。世界之成毁，是你之呼吸。你是一切世界之世界，你不灭不生。

你无穷广大，绝对永恒，一切在你之内生息。

你在一切中，自己体验你之无穷广大、你之绝对永恒。

你是世界之世界，在一微尘中，表现你为世界之世界之无穷广大，在一刹那中，表现你为世界之世界之绝对永恒。

我赞叹，我崇拜，赞叹崇拜我的心。我的心，即我的上帝、我的神。

你是真美善之自体，你是至善至美与至真。

"我"记起了，我求真求美求善，我曾觉他们在我之上，不在我之中。

"我"曾求彼真，泠泠水晶宫。我曾求彼美，好月在长空。

"我"曾求彼善，壁立千丈峰；登峰摘星辰，凛冽来天风。

但是现在我知道，一切真美善，原在我"心"中。

原来只因为我不知道，他们即在我之自身，所以我们误以他们在外。我现在知道，至真至美至善，即我之真正的自己之德，我心体之德。我了解了我之求他们，原是在求恢复他们之光明。我求他们之努力，只在拭去障蔽他们之灰尘。

我现在了解了真正之自己。我已印证了真美善，即在我之心体。

我心体具备一切，我只要念念不离我之灵明，我将绝对完满自足，无待于外。

心体潜深隐，恍惚不自知。真美善自具，妄谓外求之。求之唯自求，知之乃自知。今证我心体，从此不再疑。

心体自完满，旷然绝希求；慧光常自照，知道者无忧。

觉海大无际，乾坤水上浮；不生亦不灭，万古长悠悠。

觉海何所似？虚明而灵通。虚明何所似？万顷清波融。灵通何所似？周流用不穷；万象随来去，来去不相逢。

我心为大觉，大觉无不觉；凡我心所觉，皆我心中物。以蔽不自觉，乃谓有所觉；去蔽祛我执，自觉我之觉。觉觉成大觉，知心自完足。

宇宙由心生，生生者不生。生德无穷尽，宇宙毁复成；乾坤不得裂，赖我此灵根。

我在永生中永生。

第十节
悲悯之情的流露与重返人间

我心如大海之不波，清冷，清冷；虚明，虚明；灵通，灵通；寂静，寂静；渊深，渊深；我在柳下寒潭边，真正证"道"。

我此时亦复无所思，无所了解，无所闻，无所见，我复归于原始之混沌。然而此混沌自身，是光明的。

我在永生中永生，我不求打破混沌，我不求诞生。

我静静的坐着，我不觉我身体之存在、世界之存在。我在绝对之光明的混沌中。忽然一种声音，惊破了我之混沌。

远远的茅屋中，来了一声婴儿之啼哭，另一婴儿诞生了。

我回忆起我初到人间来的啼哭，寒风吹拂了婴儿之身，而婴儿啼哭。

这是人初到世界来所感的凄凉，人生苦痛之最早的象征。——我心重坠人间世。

啼哭的婴儿，你是谁家的婴儿？啼哭声自茅屋中出来，我知你是贫家的婴儿——你父亲是种田者，或是别家的仆人？

我恍惚如有所见，见他父亲，正忙着取被来包裹婴儿，母亲尚未息产后的呻吟。婴儿，你在父母劳苦中降生了！

你将吃乳，吸去你母亲之精华，你将使父亲更劳苦。

你将成童，成青年，逐渐长大。但是你可能真长大，你的寿命有多大？我想起在百年中，你在一段时间会死亡。

你死在婴儿期？在童年、中年，或老年？

你死在你父母之怀，你妻子之侧，或你朋友之前？或任何人也不看见你的死？我想你会死，我感到凄恻。

死，你为何而死？你为饥寒交迫而死？为所爱的人抛弃你而死？

或因为你所爱的人们之死，过于悲悼而死？或为无故被人轻视侮辱，社会无正义，含冤未伸而死？

你为你事业失败心碎而死？为尽瘁过劳而死？为学问不成，为探求真理，到蛮荒之地，感疫疠而死？为艺术创作，过于兴奋而死？为殉职殉道而死？或为举世无知者，寂寞疯狂而死？

在你人生之行程中，每一段生活，都可以使你觉永生，然而处处亦都可以使你死。

除非你到了能在永生中永生之阶段，不知你有死，你将不免于抱恨而死。

然而这一切，都是于你于我，同样之渺茫。现在不可知的未来！这渺茫的未来！你将遭遇什么命运？这不可知的命运！而你现在真是一无所知，你根本不知有未来、有命运。

我想到婴儿之未来的命运，想到他的死，他各种可能的死。

我看见各种死神，都好似围在他之前，要此初生的婴儿，投到他可怕的怀抱。只因为死神们势均力敌，他才莫有死。

我内心感着凄恻与同情之恐怖。此凄恻，由我之心快弥漫到我全身，我感着人世间之悲酸。

我顿想着：在此茫茫的人间，现在不知已有多少婴儿在降生，多少父母耽忧他的婴儿长不成？我想：此时有多少婴儿死了，多少孩童、青年、中年、老年，以各种不同的原因而死？多少又正在与死挣扎，正在努力求生？多少正在努力为他的爱情、名誉、事业、真、美、善而奋斗，在捕捉他渺茫的未来？然而未来却在命运之手里。我想古往今来多少人，在残酷的命运之下，含冤饮恨，我感到人生是苦海，我的凄恻与悲酸，化成悲悯。

悲悯！悲悯之情之来临，如秋风秋雨一齐来，使日月无光，万象萧瑟。

我对我所体验的心之灵明，若自生憎恶。

然而当我刚一憎恶时，我同时发现我心体，并非只是灵明之智慧，我心之大觉之本，不在理之无不通，而在情之无不感。

我发见我之心体，唯是无尽之情流。

何处是我心？我心唯有情。何处是我情？我情与一切生命之情相系带，原如肉骨之难分。

我情寄何所？我情寄何所？不在山之巅，不在水之浒。

高天与厚地，悠悠人生路。行行向何方？转瞬即长暮。

嗟我同行人，兄弟与父母，四海皆吾友，如何不相顾？

人世多苦辛，道路迂且阻。悲风动地来，万象含凄楚。

恻恻我中情，何忍独超悟？怀此不忍心，还向尘寰去。

不忍，不忍，这恻恻然有所感触之不忍，这一种对于一切生命之无尽的同情，与虔敬的不忍。这非一切言语所能表达，常只在一刹那忽然感受之不忍。这一种无数的生命之情流在交会，彼此照见彼此的悲欢苦乐，欲共同超化到一更高之所在，而尚未达到之际的一种虔敬的同情，这一切生命的深心中的，一种共感的凄颤、共感的忐忑。只能感触，不能言语表示。

啊，只有由这恻恻然有所感触之不忍，所依之至仁至柔之心，这才是我应当培养之充拓之的。

只有由如此之培养与充拓，我才能真识得我心之仁、我心之体。

如果我莫有此恻恻然之仁，我的心之灵明，算得什么？他将会堕入枯寂。

如果我莫有此恻恻然之仁，我之以理想之善，向人宣扬，算得什么？他将会堕入傲执。

如果我莫有此恻恻然之仁，我之爱美，算得什么？将化为一种沉弱。

如果我莫有此恻恻然之仁，我之求真理，算得什么？他将只是一些抽象的公式。

　　只有从这恻恻然之仁出发去求真爱美，才能将所得的真美，无私的向他人宣示，使真与美的境界，成为我与他人心灵交通之境界，而后真理，不复只是抽象的公式；美的境界，不复为我所沉溺。

　　只有从恻恻然出发去宣扬我理想之善，才能在他人不接受我之理想之善时，而仍对他人之愚痴过失，抱着同情，对他人之人格，抱着虔敬。

　　只有从恻恻然之仁出发，才能不堕入枯寂，而用各种善巧的方法，去传播真美善到人间，扶助一切人实践真美善，以至证悟心之本体之绝对永恒，自知其永生中之永生。

　　当一朝人类社会化为真美善之社会，人人有至高的人格之发展，证悟到心体之绝对永恒时，人类当不怕一切，而重为宇宙的支柱，盘古真可谓复生了。

　　这时纵然太阳光渐黯淡，地球将破裂，人类知道宇宙由其自心之本体所显造，心之本体所显之宇宙无穷，亦可再新显造另一宇宙。

　　纵然宇宙不是由心显造，宇宙只一个，而宇宙又真有末日之来临；人类此时，既都已完成其最高人格，他将有勇气承担一切。

　　他纵然见宇宙马上要破裂散为灰烬，一切将返于太虚，他内心依然宁静安定，亦从容含笑的，自返于其无尽渊深之灵根。

至少，人类知道他之一切努力，不是为他以外的东西。他之求真求美求善，都只是所以尽他之本性。他之一切行为之价值意义即在其自身，他将视外在的宇宙之成毁，为无足重轻，如一物之得失之无足重轻。

万一人类在此时还觉他文化之创造，要成灰烬，不免叹息，他亦能马上会本他大无畏的意志，而愿自动的去承担此悲壮剧。

他已把他自己所能作的都作到，他于宇宙无所负欠，只是宇宙负欠于他。他自宇宙中，光荣而高贵的退休，这样退休，仍然是值得歌颂的。

但是，如何使一切人们，都有这样伟大的精神，于一切都无恐怖。这种坚强高卓的人格，以至可以迎接宇宙之毁灭而无畏？这诚然是太遥远的事，然而我们现在，已当抱此宏愿、抱此理想。

要实现此理想之第一步，是要使人都知真美善之价值，知人格培养之无上的重要。

但是如果人们尚不能免于饥寒，免于贫苦，免于自然之灾害、不幸之早夭；莫有家庭之幸福，社会不能保障人之安宁，人与人不能互相敬重，共维持社会之正义，反互相残害，人尚无稳定之现实生活，使人心有暇豫进一步求精神向上时；我们要使人人都爱真美善，以至证悟至心体之绝对永恒，培养出大无畏之精神，那却是根本不可能的。

我于是了解了经济政治之重要，一般社会改造、一般教育之重要，及一切的实际事业的重要。

我肯定一切实际事业之重要，是根据于整个人类理想生活之开辟，不能不先有合理之社会组织。而我之所以要谋整个人类理想生活之开辟，是本于我恻恻然之仁，而此恻恻然之仁，是宇宙中生命与生命间之一种虔敬的同情。

我的心，重新启示我以如是如是之体认，我欢欣，我鼓舞。

我自柳下寒潭边，站立起来，此时已不闻婴儿啼声，天上的曙光，已渐明了。我已肯定了一切实际事业之重要，我在归途中看见的农人、工人及其他工作者，我发现他们都负着神圣的使命，他们是对人类社会尽最切近的责任者，我对他们真有无尽的虔敬之情绪。

我惭愧，我只在我的玄思中过活，我不曾作一件于社会有益的事，我发现我之渺小与卑微。

呵，我原是如此渺小、如此卑微！

我之一切自觉伟大的感情，最后如不归于自觉渺小卑微，那些感情又算什么？

我发现了我自己之渺小与卑微，我知道我一无所有，我原来仍在光明的混沌中。

我现在要肯定我自己，我得再冲破此混沌。

我要重到人寰，我要去作我应作的事。

我带着惭愧，重新自混沌降生。

我复化为婴儿。

我在工作中发现我，不是在母亲的怀中，是在人类的怀里。

我在现实的人类中永生。

三十二年二月

第四部

人生的旅行（童话）

本书之中华书局版原有此部，在人生出版社之版，我将其删去。但我的一侄女，曾对此部特感兴趣；我的女儿，也责问何以人生版将其删去了。看来此部仍可保存，故于此学生书局版，再加重印。

君毅志 一九七七

导　言

　　当你能肯定你生活、体验心灵之发展，并对自我生长之途程，有全部的把握时，你这时须要对于整个人生在现实宇宙中之努力行程，有一具体的想象。成熟之哲学心灵，近于童心。所以此部以一童话体裁，来描述人生。首描述人之自自然界来，复欲超越自然界，而生原始的无依之感，顺着时间之流，去憧憬向往其生命的前程。故此部中，即以时间象征生命冲动，领导人生自强不息的工作。人生于是在超化一般的幸福观念之过程中，体验人间的爱，体验文化之价值，以上升于神圣。再本神圣之命令，回到人间，以实现真美善之社会。此部是以具体的故事为题材，所以一切真理都变成有血有肉，使人可在一故事的想象中，亲切的把握整个人生。关于此部中，所象征的义理，我不能一一指出，只在文顶上略加提示。最好读者先将前三部之道理，全都了解熟习于心，然后再自然的将一切道理融化，而投映于此故事中去玩味。如勉强求解，反会失去我本意的。因不是处处都有所象征。好在此故事本身，便能启示人许多意味与情调，所以即把它当作纯粹故事来欣赏，亦可以由此故事之气息，而使人对其所象征的义理逐渐了悟。此故事共分为八段，但八段是紧接相连的。

一

母亲的隐居

　　人生在他自然的母亲的怀抱中，已过了五年了。因为他的早慧，在二年前他已能了解他母亲同他说的一切言语。他不认识他人，终朝只同母亲接触。在温暖的母爱之下，一切都是安稳而平静。但在他五岁生日的那一天，他正在玩弄母亲给他的玩具，忽然他母亲叫他来，对他说：

　　"人生，你现在已渐渐长大，我为养育你同其他的子女动物植物，使我精神渐衰，我将要离开你了。你不要悲伤，我是不会死的。我只是将要隐居，隐居到你父亲那里去。你生下尚不曾见你父亲，但你一天会同他相见。——因为他在等待我。他同我约，待你长大到此时，家务便归你管，我不能不走去隐居。但是我去隐居，只是我精神去。我的躯壳，将化为天上的日月星，他们永远照着你以后的生命行程。你的摇篮及一切玩具，将化为山河大地。所以你可不感到你的母亲是不在了，母亲给你的玩具，不会被你母亲携起走的。一切都是与从前一样，只是你以后要想到你是一家主人，是世界之主人。你要有独立自尊的精神，你要自己管理自己，自己对自己负责。你要自己寻找食物衣服，你将要吃苦，比你的兄姊还要多呢。我生育你的兄姊之其他动物植物的时候，我都给他们一定的居处，使他们身体的构造，适于取一定的食物；或给他们一定之本能，使他们有一种天生的工具，帮助他们生存。但我发现，他们因先有了较适于生存的工具，他们便只知赖母亲给他们的工具来谋生，他们都成了不上进者。所以我同你父亲商议，对于我们在此世界最后的儿子之你，决定不与你任何固定的本能。把你在胎中本可有的固定本能，都逐渐取掉，你愈长成，你的本能对你愈莫有用。你全要靠你自己，去培养你自己的能力，我们之所以有意剥除你与生俱生的一定本能，

人莫有固定的本能

是因为你有一定的本能，便只有这一定的本能。而且这一定的本能，只是对于你之生存本身，有一方面的价值。你莫有一定的本能，你将成为无所不能；你将发现生存以上的价值。只要你努力，你的前途是无限量的，我现在要离开你了。好孩子，你好好的创造前途吧。"说时迟，那时快，人生的母亲便不见了，一切摇篮玩具都不知哪儿去。一个五岁的小孩子，独坐在一山岩的旁边，望着前面无尽的旷野，纵横的河流，经过旷野无声息的流。青天是一望无际。他痴痴的坐在岩边，从早晨到午刻，看望日月星不息的轮转。他记起，这就是他母亲的躯壳；沐浴在它

人类是自然抛弃的孤儿

们和煦的光辉之下，他知道她的慈爱，还照临着他。但他已不能再投到她的怀里，他已不能听见她的话语。他知道她

已走去隐居，在望不见的地方，她已不知走了多少路程，也许到目的地了。他现在已是一无父母的孤儿，独自对着苍茫的宇宙。寂寞使他疲倦，他只得在山岩的穴中，觅一休息之所。他知道这就是他的摇篮之所化成的。但是摇篮中温暖的气息，已全不存在了。他休息了一会，忽觉得饥饿起来，他看见岩边一朵无花果，他想摘无花果来吃，但是他突想着，那是他的同胞姊，他不忍去摘。忽然无花果发出声音来："小弟弟，我知道你是饿了，你可以取我身上的果子来吃，我不会真感着痛苦的。因为我同一切植物，及你以外动物们的精神，都是与母亲的精神很接近。母亲离开了你，你已看不见她，但是她尚不曾真离开我们，我们尚距母亲之怀不远。如果我们身体毁了一部，我们可以到母亲怀中去取偿。如果我真死了，我们便回到母亲的怀里。我们之求生存，实际上只是奉了我们母亲的命令。只要我们尽了求生存的责任，我们随时回到母亲的怀里，她总是会原谅我们的。但对于你，母亲却决心要你自己去创造你自己的前途。除非你走完母亲心目中望你走的路，你回去，母亲是不会收留你的。所以你的境况更可怜。如果你饿了，可以在我们身上取食物，我们愿意为你暂时牺牲。而且在你离开母亲，母亲回家以后，母亲便召集我们的灵魂来说过，她已离开世界，世界由你来当家。又说'你们都要服从他，受他指挥'。她又说：'在你们现在的世界里，他虽是一小弟弟。但是在过去一世界，在

人的命运

倒转的年龄

186

你们父亲原来的家庭，那不可见的国度中，他曾是你们的长兄；不过你们都早夭于那一世界，所以降生到此世界，你们便成了兄姊；你们应当以在不可见的国度中，事长兄的办法，来事他。'母亲说了以后，我们大家都一致表示愿意服从母亲的命令。但是母亲又说：'你们亦不能无条件的服从他，因我要他到世界来，是要培养他的德性，要使他受苦，来锻炼他自己。你们亦可同他争斗，不要轻易让他。使他知道，生活不是一件容易的事。'当时你有一个哥哥就说：'立意要服从而又作成争斗的面孔，岂不是演剧吗？'母亲就说：'世界本来是舞台，生命就在演剧中充实它自己。真正的演剧者，在剧中便忘了他自己，如真在剧中生活。如果你们不能在演剧时，觉在剧中生活，那么我便使你们忘掉你们兄弟姊妹之关系，让你们只相视如陌生的路人，让你们去合作或争斗。'母亲于是作起'忘却'之烟雾，把诸兄姊的灵魂

两重世界中之和谐与矛盾

之眼迷了。我因为莫有花，所以当母亲话说完时，乘她不见我，便逃回此世界，还记得她的话，所以现在告诉你。你以后将发现你的兄姊们同你是分立的个体，在原始不可见的家庭中之一切亲爱，将不存在。你要遇着凶猛的野兽，你也将忘了你原先与他们的关系，同他们争斗。但是你有一天，仍会在父母之原始的不可见的家庭中，回复我们兄弟姊妹之感情。我们将只觉是演了一有趣的悲剧的喜剧，你将觉我们父母原始不可见的家庭，是借世界之演剧之冲突，来扩大和谐的家庭。"

人生听了无花果的话，正在默想，对于她最后的话，尤感到无穷的趣味。但是忽然间无花果旁，起了一阵轻烟。无花果顿道："母亲在责罚我们，不当谈这些话了。她又发出'忘却'的烟雾来了。你如果不愿意忘却我刚才的话，你快走吧。"但是人生想着这烟雾出自母亲的活动，他心已痴了，他再也不能移动一步。于是忘却之烟雾笼罩到他身上，一刹那间，无花果的话他全忘掉，连他的母亲原向他说的话，都忘掉了。他已不知日月星之天体，即他母亲之躯壳，亦不知山河大地，即他之摇篮玩具。他只记得他

原始的无依之感

母亲名自然，亦不知无花果是什么。他伸着手来，把无花果摘下来吃。他现在只知道有他自己，他成了真正孤独的人，他不知他自何处来，亦不知以后到何处，只是一种无尽的凄凉之感，萦回在他的胸际。

二
长途的跋涉

人生正在无法排遣他寂寞的时候，一个白发苍然的老人立在

原始的寂寞

时间——宇宙生命
的原始冲动的象征

前呼唤他："人生，你呆呆痴坐着为什么？"
人生答道："因为我找不着排遣寂寞的事做。
老先生，请问你从何方，来到这广漠荒凉的
世界中，你的大名是什么？"老人答："我
的名字叫时间。我是你母亲自然在那不可见
的国度中之仆人。你母亲来到这世界，便把
我带来帮助她建设世界。你母亲回去，便把我留在此，代她管理
世界，建设世界。"

人生问："何以从前不见你？"

时间答："你从前是不会看见我的，因为我是时时在此世界
上巡回。我管理世界、建设世界的方法，是将一切事物的机关拨
动，不要它们停滞，让它们自己生产。如此便增加了世界的财
富，便算把世界建设得更丰富更伟大，这一种职务，是相当的繁
难，但是我不能丝毫懈怠我的责任。所以我看见你在这里困倦，
我便来呼唤你。假如你真无法排遣你的寂寞，我可以携带你去游

玩，看这森罗万象的世界。这世界经你母亲同我，多年的建设构造，已成为很值得游玩的了。你只要随着我走，你永不会感着寂寞的。"

人生答："你是我母亲的仆人，你便是我的老家人，你应当算我的前辈。我愿意跟着你走。随你带我到哪里去游玩吧！"

时间说："这世界的任何地方，都有我的足迹，任何路道我都熟习。但是正因此我便任何处都可去，任何方向的风景，我都觉得很好，这使我不知要向何方引你去先看好，你最好还是自己选择一方向吧。"

人生："那我们向西方走，向着太阳落的方向走吧！"他下意识中，仍想着太阳是他母亲躯壳之一最好象征。

时间："那是可以的，那吗你先走，因为方向是你选择的。"

人生："但是我不识路，你不是说你携带我走吗？"

时间："我携带你走，只能在你后面走来携带你，你的脚步须跨在前面。我同一切事物的关系，都是我先呼唤他动，然后在他们后面走。"

人生："你这种携带人走的方式，是很特别的。"

时间："这有两层理由：一层是我虽然老，但是我在你前面走时，我的脚步是非常之快，你是赶不上的。其次我在你前面走时，我看见其他停滞的东西，我便要先去拨动它，这不仅是我的责任，而且我的性格决定我如此。我不能忍耐任何似乎停滞不动的东西，为我所见。我走在你的后面，我可以不看见其他的东西，我可以把引导你前进，作我唯一的任务。"

人生："那你不是掩耳盗铃，把我母亲交给你使宇宙一切事物运动的全部责任懈弛了吗？"

人决定宇宙生命之流的方向

时间："但是你母亲同我说过，在她离开此世界以后，我最主要的责任，是引导你去运动，而且在我引导你去运动时，我同时即能使一切事物运动，并向我们所走的方向运动。因为在一切事物的灵魂深处，都知你是他们的小主人。"

人生："我仍不了解何以你引导我运动，即使一切事物运动？"

时间："因为我有一个妻子，她名为空间。她有一种奇怪的能力，名为延散。在我走动时，她便用她这种能力在我后面搜我的足迹，延散到全世界。这就是说，当我引起一种事物之变动

感通的宇宙

时，她便马上把此变动推扩开拓到无远弗届的地方，使一切事物都发生变动，而使世界任何处，似看见我的影子。所以我虽然以引导你走为我主要的责任，然而即在尽我主要的责任中，便尽了我全部的责任。"

人生："你有个妻子，是什么时候结婚的？"

时间："我们是在你原始的家庭，那不可见的国度中定婚，

191

由你父母主婚，到这世界来的一刹那，我们便结婚了。"

人生："我母亲是自然，我父亲是谁？你认识他吗？"

时间："我原来认识他，但是自从到这世界来，我一天忙于我的工作，我已把他的像貌名字都忘了。"

人生："我何时可见着我的父亲？"

时间："你同我行到不死之国，即那不可见之国度，你原始的家庭之所在，你可以见着你的父亲。"

人生："你可以同我到不死国吗？"

时间："我本从不死之国来的，我亦可以引你到不死之国去。但是到不死之国，须经过一大江名为永恒之江。我可以负着你游泳过那大江。

但是我把你送上不死之国，我自己便要死一次，才再复活。而你要到不死之国，你要经很多的困难。你所选择的方向，本是通到不死国的。你如不怕困苦，我会一天同你去的。我应该为你死一次，因为你是我的小主人。"

人生："你死了一定能复活吗？"

时间："只要我妻子空间莫有死，我总会复活的。因为她爱我，我爱她，我们的生命互相依赖，我死了，她招唤我一声，我便复活了。"

人生："我觉得你的妻子的一切能力，很像魔术家，倒很有

192

趣味。我能够见她一面吗？"

时间："她的影子你随处都可以看见，那无边的虚空就是。她的身躯，则在那远远的天尽头，你是不容易看见的。"

人生："你的妻子也像你这样老吗？"

时间："她不老，她永远是年青而美丽。因为她性格很平静温和，她的事很少。她只是收藏我的足迹，散布到全世界，这是她天性中的能力，她很自然的作了，她不须劳苦。不像我永远是仆仆风尘，所以我显得衰老。"

人生："她不讨厌你老吗？"

时间："那不会的。因为她只曾见我一个男子。你将来或者会认识她。此外一切动物植物，只在她影子中生活，但还不曾真去看那影子，因为动植物只看见环境中之物质——而且我在她面前，她便会使我忽然变年青。"

人生："你在什么时间会见她？"

时间赖空间恢复他的青春

时间："当我把一个事物完成时，我便交给她。我管理世界建设世界，她代我保存世界。她是我的助手。当我完成任一件事物时，我们都会自然相见。她当我把完成的东西交给她时，她便很高兴，因为她亦觉增加了她的所有。她的高兴我感染到，而增加我去作新工作的勇气。当我预备作新工作时，我永远是年青的。譬如我在使一种子发芽的时候，我总是年青。当一种子初发芽时，便是我同我妻子会面后的一刹那。"

人生："你同你妻子有冲突过吗？"

时间："冲突是有的，犹如人间的夫妇。因为她常常不愿我这样劳碌，要我休息。但是我一方忠于她，一方要忠于我的主人。她要我同过平静的生活。但是平静的性格只在她本身是优点，对于我就是牢笼。而且我动的方向是不定的，前后

螺旋式前进与自然律

参差不齐的。而她则要我均衡对称的动，因为均衡对称是一种动中表现的平静。所以当我从一方向动时，她有时会拖住我转向。但我们会互相迁就，以一种螺旋的动、循环的动，来解决我们之冲突，而使我们复归于和好，而且我们每度复归于和好之后，都使我更能互相容让。因为我们的冲突，只是我们私人间内部暂时的事，所以从表面看来，也许看不出冲突之存在。"

人生："关于你同你妻子之一切，我都暂时没有什么问题。那吗我们走吧。"

时间："其实我们已走很远了，你看你站在什么地方？"

人生低头看，果然见他的足在不息的动。他很惊讶的说："何以我不觉得在走呢？"

时间："你同我一道走而走得很顺遂时，你是不会觉得你在路上走的，你也不会想到你走了多远。只有在你跌了交子时，你才会觉得你在走，你才会望你走过的路，知道你走了多远，进而问我们将到哪里。"

时间的观念沉没在随时间进展之顺遂的生命活动中

人生："我们究竟将要到哪里了？"话刚说完，他们已走到一四叉路口。路口上各插着一牌子：那是动物之世界、植物之世界、物质之世界、人之世界。

人生："我们不是已见了很多的植物动物物质吗，何以此去还有特殊的动物植物物质之世界？"

时间："你见的动植物物质，都是从你的眼光中看出去的，你并不曾真入动物植物物质之世界，你不能真有与动物植物一样之经验。一只鸟、一根草，你只看见它的形色，至于它们自身如何感触，对于你是永不能探测的神秘。至于原子、电子之物质本身，有无其特殊的经验，你更无法了解。你只在你主观的世界中，看它们之外形，你并不曾入它们的世界之内。

不可知的境界之初次肯定

这里的四个牌子，是指示到它们世界本身去之路，但四条路你只能走一条，就是人的世界，因为你现在只是人。"

人生："但是那几条路是谁走的？"

时间："那几条路你母亲可以去，我同我妻子可以去，你不能去。你去，你便要化为禽兽草木，你是不愿意的。"

人生："但是我已是人，我想知道禽兽草木之经验是如何。"

时间："因为你是人，所以你才有如此之好奇心。但如果你真成了禽兽草木，你便无如此之好奇心。你纵获得了这些经验时，这些经验对于你也莫有意义。

理智的限制

你要想满足你的好奇心，在人之路口上有一学术

195

的高台。在台上，你可斜望那几条路中的情形。你可以望见禽兽草木之经验之抽象的构造。然而禽兽草木经验本身，仍永远为你封闭，不让你知道的，除非你一天回到你原始的家庭中，再转来。你现在去看，并不能增加你真实的经验之内容。"

人生："那吗我们走上人的世界之路吧！"

人生便同时间经过人的世界一牌，走上人的世界之大路。但刚刚走过路牌，霹雳一声响，回头看他原来的路忽然崩裂，逆着来时的方向，继续不断的往下沉，似乎沉到无底的地方去。一阵弥天的大雾，把来时路上所见的山河，完全遮没。此时老人亦不见了。他想老人在他后面，一定随着路之崩裂而落下去了，他不敢再回头看，仍转过头来。但此时老人的声音又在他后面出现了：

"人生，这是离开自然世界到人的世界之第一关，所以这路断了。你以后再不能真回到你往日生活，你要开始与人的世界接触。你在最近一段时中，是不能回头来看见我。在你初入人的世界中，你回头来看我是看不见的。你只能听见我的声音在后面。因你初入人的世界中，你的目中便有一种光名为'探寻之光'。而此时你的探寻之光，是要照耀

人类生活于他自己发现的世界

人类生命冲动之对于外界的原始寻求

在事物上，不能一刹那停在我身上。所以你刚才回头来看我时，我便不见了。"

人生："但是这人的世界之路，仍然是这样的荒凉，莫有人烟。如果我只能听见你的声音，而不能见你慈祥的面容，我如何能忍受这举目无亲的旅行？"

时间："我不是真如你所见那样慈祥。我不息的建设世界，让事物自己生产，我亦不息的毁灭世界，让事物自己毁灭。我以拆毁来建设。这在你母亲同我妻子看，我并不曾拆毁任何事，因为我建设总比拆毁更多。但是在世界的事物来看，便常把我视着最残忍不容情的。你一朝也会有同样的感觉。你知道刚才的路之崩裂，就是我自己作的工作吗？你不要以为同我一道而常看见我，会使你少些人生道上的荒凉之感，我一方面正是人生荒凉之感的制造者。这些话你以后会相信。"

人生："但是我总不愿看不见你。"

时间："你以后会见我。但你初走入人的世界时，你探寻的目光，是要注视事物，不能停止在我身上。而且现在我要离开你，我的三个儿子，将来代我引导你前进。他们名为'过去''现在''未来'。他们可以完全代表我自己，只是莫有我那样的魄力，一往直前的生命冲劲。他们之间的意见又不能全一致。但惟因他们意见之不一致，反可以引导你去看人的世界之各方面。他们快要来了，他们都是小孩子，你可以看见他们，同他们携手一道前进。"他说完话时，三个小孩子来

> 时间是整一的生命冲动

> 过去未来现在是截断的时间划分的时间

了。人生听见老人依次唤三人名字，三人依次答应。他问他们，知道未来最大方十岁，现在九岁，过去八岁。老人又呼唤人生道："你要知道，你同我走这一截路，已过了四年，你是九岁了。你与现在同年，但是你比现在稍大而小于未来，你排列第二，我话说完，你们走你们的路吧。"

时间老人的脚步声音在后面慢慢消失听不见了。只人生同"过去""现在""未来"三个小孩子，在一直似乎伸展到天边的一条极宽阔的路上走。人生试看看他三个同伴，他看出他们身体都很结实，明是这荒野的路上跑惯了的小孩子。他看未来最活泼，

迁化的情调过现未演变的情调之初感

现实是人类最初肯定真实的

穿着红白的衣裳，他永不会丧失他的笑容。过去是很沉默的，在沉默中表现一种精神的充实，他的衣服是暗绿色。现在是一个易感的孩子，他似乎很活泼，又似乎很沉默，他的衣服是灰白色。他同他们三人一路走，他要他们把道旁风景指给他看。但是只有"现在"所指的，他才清楚的了解。未来和过去所指的，他便不清楚了解了，但是他也不便深问。

他们一道走，不知走了多少路程。人生渐渐疲倦，但尚不知息店在何处。过去未来现在三小孩亦似乎看出他之倦意，便说："人生，你疲倦，让我们三人来作一种游戏，把你背起走吧。"人生觉他们的诚意，亦不拒绝。遂让"过去"作马后身，"未来"作马头，"现在"作马鞍，人生便骑在"现在"马背上。

三

幸福之宫的羁留

但是人生一骑在他们所作的马上，他忽然清楚的了解了"过去"与"未来"所指给他的风景。他从"过去"所指的风景看去，

肯定现实保存过去而想望未来——

看出一牌坊上有四个大字"记忆之坊"。视线透过记忆之坊，一直看到底，便看见一小孩同一个老人从山穴动身，一步一步走的情景。他知道那老人即时间，那小孩子即他自己。他看见他所经历过的一切。他又顺着"未来"所指给他的风景的方向去看，看出一座宫殿，门上书着"希望之门"四个字。

迁化中内心要求恒常的祈向，人类为思前想后的动物

门内中堂似有一道匾，名曰"幸福无疆"。他看着那宫殿已不甚远，他极望能走到那金碧辉煌的宫中休息一夜。于是他就问"未来"："我们可以到那宫殿中休息吗？""未

人类最初希望的是幸福之绝对性

来"说："我们不能在那里休息。我父亲带我们走时，总是从那房外之小路走。在这宫殿之两头都有一店，名曰'工作之店'，我们总是在工作之店中休息。我们有时想到那宫中去试看一次，父

亲总说我们一定要先在工作店中休息一夜才能去。但到了第二天，他还是不许我们去。他说我们今天还有事要做。他又说里面并不曾住有人，只许多妖怪，为首名为享受。他们专以人的灵魂为食粮。如果我去，首先便被它们用麻醉药毒住，它们把我的眼睛闭着，一刀便杀了。现在弟弟去，它们可以待他很好，但是他将被幽囚，一点也不自由，以致闷死。过去弟弟去，他便会成一白痴，连自己名字都忘了。纵然我父亲的法力无边，把他救出来，但是他出来时一无所得，只增了唯一之情绪名为'幻灭'。所以我们决不能到那宫殿中歇息。我想父亲的话是对的，我们还是在工作之店中休息的好。"

话说到此，他们已走到工作之店门前。他虽不真相信他们的话，因他到底未曾见过此中妖怪。但拗不过他们，只好随入。入工作店一看，只有一间屋，四张床。此外什么都莫有。他们都已疲倦，上床便睡。然人生尽管疲倦，在工作之店的床上，却使他更疲倦。疲倦过甚，翻来覆去，益睡不着。他起来一看，那三张床都是空的。不知他们到哪里去了。一种寂寞迫胁着他的心。他不知何处寻找他们。他于是摸出门，望见前面宫殿"希望之门"中灯火通明。他不觉便直向那宫殿走去，因他的好奇心总想去看一看。渐渐"希望之门"四字，同原所见之匾亦不见了，换为"幸福之门"四字。他走到宫殿石阶前，刚刚登一级。忽然发现在阶梯与原来之路间，裂出一道深谷。谷壁由灯光又反映出四字"绝

> 生命之未来为享受所杀掉，生命之现在为享受所闷死，生命之过去为享受所痴迷

200

望之谷"。他看看绝望之谷愈裂愈大，谷之阴暗使他觉深不可测。忽然一种恐怖，又降临于他，但是他已经过此谷，他只得向上拾级而登。他觉梯级愈登愈陡，他的足屡次滑下，几乎落到绝望之谷。但是他终于用尽了他的努力，到了幸福之宫殿的门前。便见前立着一排小孩子，一齐用极温和的声音说道："欢迎胜利的客人！"便来向他行礼。人生道："我只是想到这门前看一看，无故不敢当你们的欢迎。"

他们说："我们的规律，凡是到了我们门前的，我们都一律要欢迎招待的。这用不着其他的理由来说，只要来的人能忍受攀登的困苦，而终于胜利，便值得我们欢迎招待。到了我们这里来的人，是不能回去的。回去便将落到绝望之谷，为苦痛之蛇所食。"

人生："这里还有莫有其他的路，可以下去？因为尚有几个小朋友等我。"

小孩甲："这里别无其他的路可以下去，除非自屋顶飞出。"

人生："但我如何能从屋顶飞出？"

小孩乙："你只要在此住一住，你也就不会想从屋顶飞出。到这里来的人莫有想走的，除非……"

人生："除非什么？"

小孩丙："除非有魔鬼来把他夺了去。"

人生："这里有魔鬼吗？"

小孩丁："这里莫有魔鬼。但是魔鬼时时走这里过，他常要把不愿意走的人夺了去。"

人生："夺了去做什么？魔鬼又是谁？"

小孩戊："夺去作什么，这我们不知道。听说魔鬼名时间。他表面上似乎是极慈祥的白发苍苍老人，然而实际上是魔鬼。"

人生听到此，心中满怀疑窦。但他不知如何解决。他只得问他们叫什么名字。他听着一串天真的清脆的回答："我名忘忧""我名莫愁""我名怡怡""我名愉愉""我名天欣"。忽然一个中年男子，带着满面笑容来了，说道：

"人生，我知道你来了。你是同时间老人及其三个儿子一路来的，是不是？这些我都知道。但你要知道他实在是魔鬼，不是人。"

人生："但是他们也说你们这里莫有人。"

中年人道："你看，他的话岂不是明显造谣？你看我们这里不是已有六人吗？我们宫里还有其他的人呢。他的话靠不住，他确是魔鬼。你想他能隐身，又使道路崩裂，他说他能拆毁世界，建设世界，他不是魔鬼是什么？你不要相信他是你母亲的忠仆，他是杀死你母亲，而夺去她全部财产的刽子手。你不要相信他。你知道他叫他儿子把你送到工作店中来歇宿是什么意思吗？他们本意是要你在工作床上睡熟时，把门关上，将你困死。你起来时不见他们，因他们去叫他们的父亲，来共同抵住门，好把你困死。你未睡熟，一跑到我们这里来，这是你的幸运。你合当到我们之宫殿中住。"

人生想这中年男子的话，不一定都对。因为他对时间老人同他三个儿子，仍有爱敬在心。但是未来说此处有妖怪，明明错了。他亲见着六个人，此外说还有其他的人呢。他觉得至少这六个人，都是对他非常亲密。他在寂寞荒凉的路上，走得这样久，这一种人间的温情，他是从来不曾享受过的。他就姑且承认他们的话不错吧。于是他说道：

"我很感谢你们这样殷勤的接待，但是请问先生的大名！"

男子答道："我的名，就是'名'。"此时又走出一男二女，"名"替他介绍："这是我的妻子'爱情'，我哥哥'权'，嫂嫂'富'。这五个孩子，三个大的，是我哥哥的，小的是我的。我们尚有父亲名'享受'。他决非妖怪，但他住在楼上，他不会客，所以别人觉得他很奇怪。奇怪误传，遂成妖怪。其实他之不会客，只是好清静吧了。我们尚有几个仆人，名'声音''颜色''寿命''健康'。此外，到我们这里的客人很多。在很远的另一世界，名为文化价值世界，其中的人也常有逃到我们这里来。他们在家时怎样，我不知道，但是他们到我们这里来，总是对我们颂扬，为我们服役，或代为我们呼唤仆人——总之据我们自己想，我们这里，要算这荒凉的人间世界中，一切来往的过客唯一休息之所。过去曾有无数的人在此住，他们无不非常满意。唯一可恨的就是时间之魔鬼，他总要想法来把人抓了去。所以我们前一晌预备一三层地下室，并且有一客人，愿意常川住在地下室中。他说有了它，时间魔鬼便再不会把其中住的人夺去。这客人名'幸福主义哲学'。"话犹未已，忽然一阵风起。"权"道："这是毁灭之风，时间魔鬼来了。""富"马上把门关上，"爱情"拖住人生道："你赶快到地下室最下层去，我们都要来看你。"人生马上顺着"爱情"所指的方向，向门内之楼梯下走，一直走到最下之室中，便见又一白发苍苍的老人住在首座。人生问他，知道他即是幸福主义哲学。那老人道：

"人生，你不要怕，我能保护你。"人生坐下，陆续见权、名、忘忧、莫愁等九人都来了。权道：

"时间魔鬼，这次来势特别凶猛，他大概已知道我们新筑有地下室，并请有保护的客人。但是我已叫我们的仆人，在门前死守，他纵然要打进来，必须在他们殉节之后。"

人生道："你要他们都为我一人而殉节，不是太令我难受吗？"

"爱情"道："不，我们这里的一切人，都有为保护客人而死的义务。我们九人亦是。但是我们不会真死的。时间魔鬼来，至多只能把我们的躯壳弄死，即我们在你之前的影子弄死，我们自己不会死的。只要时间一去，我们又把我们的宫殿建筑起来，我们又复活了。我们是永远要接待人，来表示我们对人类的忠诚的，我们所忧的，只是如何使来的人常住在此。但是我们接待了无数的人，我们不能真留下一个，这才使我们痛心。好在现在有幸福主义哲学先生，来看守此地下室，我想你可以永留在这里吧！"

"爱情"说完话时，忽然哗喇一声门开了。"权"大声道："完了，我们快拥起人生逃走吧。"但他们尚未行动，时间老人已到三层地下室来了。时间老人道：

　　"你们为什么幽囚我的小主人？"

　　"名"道："这是他自己来的，他是自愿与我们一起的。"

　　时间道："这是你们用金字招牌诱惑他，人生的本心是不愿意的。"

　　幸福老人道："你试问人生自己！"

　　人生站在幸福老人旁边，看他与时间老人都同样是苍苍白发的老人，又一样的庄严慈祥。他想他们都不会是魔鬼或妖怪，他们中间也许有误会；他想他们都是好人，这使他不知如何答复才好。但他最后终对时间老人说道：

　　"我来是受金字招牌诱惑。但是我来了，觉得这里有这样多人间的温情。我想着同你老及三位世兄，走那段悠长荒凉的旅程，真使我不愿同你再走。我觉得这里的居室，如此精美，时间老人，我看你也留在此吧。你把三位世兄带来，我想此地良善的主人，都会欢迎你的。"

　　"权"道："时间老人，只要你愿意来，我们仍欢迎你。我们可以忘却过去一切的仇恨，我们对人永远是宽大的。我们从前说你是魔鬼，只因为你总同我们对敌。你只要同我们和好，我们愿奉你为上宾。你在此仍可不息的作你的工作。我们这里的宫殿，也须更扩大，如果你常住在此，你可以帮助我们扩大宫殿。"

幸福老人亦向时间道："老朋友，我看你永远这样风尘仆仆，亦太苦了。而且你年青的妻子，亦望你休息。我看你周游世界，你不曾在任何处遇见这样好的居室，你把你的妻子也接来吧。"

时间老人："我不能住在此。因为我要忠于我的职务，我不能只在此宫殿内部工作。"

幸福老人："你如果不能住在此，你也不必把人生这孩子带走，使他同你一样过凄凉寂寞的生活。你不要只为使你多一个伴侣，你要可怜这十岁左右的小孩。你想他如何能永远同你跋涉长途？我现在来保护他，我并无其他企图。我只是可怜他，要使他这莫有父母的孤儿，在人的世界上多过些舒服日子。"

时间老人："但是正因我爱他，所以不让他长住在此。他母亲的意思也是要他到世界来吃些苦，锻炼他自己。舒服的日子，待他重回到他母亲的怀里，他原始的家庭一度以后，他自有过的。"

幸福老人："但是要看人生愿不愿意？"

人生刚说"我……"幸福老人一手把他捉住。人生似触了电，马上说"不愿意走"四字。时间老人来拖人生另一只手，但无论如何拖不动。权名等哈哈大笑道："时间老人，你的力量虽大，但是当人生同幸福主义哲学握手时，你便把他拖不起来了。"

时间道："你们不要高兴，我的小孩们马上赶到了。当我在此时，他们是不怕进来的。我们合作便有无比的力量，是你们从前不知道的。过去来了，他马上把你们这宫殿化为灰炉。未来会把你这宫殿移到天边，现在单纯的把此地恢复原来的状况。"时间老人的话说完，人生看见"未来""现在""过去"三小孩一齐都到。人生忽见宫殿陡然崩裂，又似乎向前面朦胧的烟雾中飞逝。他发现他自己，依然只同三小孩，在一条似伸展到天边的广阔的路上行着。时间老人亦不见了。他记起在幸福之宫中一段温暖的生活，同刚才一段热烈的论辩，都宛如梦境。他想着三层地下室中的布置之华丽，同这地面上阒无人烟的荒凉相较，他不觉便入梦境之中，又回到他刚才的生活经验中去了。他忽然睁眼，见"未来"正在拍他说："你为什么在路上睡眠起来了？"他一定神看，"过去"小孩已不见了。他很怨怒"未来"，何以惊回他的好梦。他将"未来"一推，"未来"亦无影无踪。他遂问"现在"："他们到哪里去？""现在"说，父亲才来叫他们去了。

现在只有"现在"与人生，在这直伸展到天边的广阔路上行了。人生问"现在"："你不会离开我吗？""现在"答："我不会离开你。只要你望着我看的景色看。如果你念及其他，父亲便又叫我去了。"人生知道孤独之苦甚于一切，他只得顺着"现在"所看的风景看。然而一切景色是何等的

原始的幸福之不可复返

惨淡呀！忽听得"现在"道："你觉景色惨淡，你已不安于此景色。你的第二念，又要作过去的梦了。虽然你的梦作不成，因为'过去'已过去了。但是你不能听我的话，父亲已在呼唤我去了。""现在"说完，便不见了。

四
虚无世界之沉入

人生又成了寂寞的人。路仍然似伸展到天边，仍然是这样的广阔，景色仍然是这样惨淡荒凉。时间老人同他三孩子，又把他抛弃了。他想着时间老人把他带上这样悠长的路，使他见着幸福之宫而走进去，又把幸福之宫化为乌有。时间是最残忍不容情，时间自己说他自己的话，人生亲切的触到了。他也许是好人，也许他真是为忠我母亲的命令，而使我受苦，但是他到底是残忍不容情的。他对于时间渐渐怨恨起来。

> 对于迁流的生命过程之厌恶，对于时间象征的生命冲动本身之怀疑

他对于时间的怨恨心一起，忽然眼前的大地通通不见了。人生似乎在一无边的虚空中一直往下落，他不知道他落到什么地，他也不知向何方下落，因为他一无所见，无据以测定方位者。他只感觉到一种下坠之力在引他。他似乎经过一些字牌，上面书着十岁、十二岁、十四岁、十六岁、十八岁，他奇怪他究竟要下坠到哪里去。忽然似见在前一双大眼，但很清秀，一张口，齿白唇红，也很可爱。只不见他的身与头在哪里。那口忽然说出话来：

> 智慧于彻底的怀疑之后来临

"人生，我的名字叫'智慧'。我是专为沉入这虚无世界的人引路的。这世界名'虚无世界'，凡是经过幸福之宫殿的人，都要一天一天的沉入这世界。但是只要到此世界而遇着我，我便可以把他引至人的世界之大道上去，你有什么问题都可以问我。"

人生："我首先奇怪，你在这虚无的世界中，以什么为食物，你如何莫有身体与脑髓，只有眼与口。"

智慧："真正的智慧，是不要脑髓的，只要眼。我的口，是为答人的疑问，不是为饮食。我不需要其他食物。我以眼来食，以眼来看。来到这里的人的心理，都是我的食物。"

人生："那你便会食我的心理了。"

智慧："你不要怕，我莫有容纳食物的胃。我把你食下，你又从后面漏出来了。所以我虽食你，你并不觉我在食你。"

人生："那吗，我问你，时间老人是不是魔鬼？幸福之宫的人是不是妖怪？"

智慧："在你的世界中莫有人，一切都是魔鬼，一切都是妖怪，你自己也是。因为你与魔鬼同行，与妖怪同住过。"

人生："我想我是人。"

智慧："那是可以的，那么他们也是人。"

人生："究竟他们谁是真正的好人？"

智慧："他们都不坏。"

人生："那吗，时间老人何以定要把我从幸福之宫拖出来，使我受长途跋涉之苦？我想时间是残忍无情的。"

智慧："幸福之宫的人，本身都不坏。但是你在其中住下，却是会毒害你的，所以时间要把你拖出来。他使你受苦，是为的爱你。他对你说的话，是不错的。"

人生："那吗，幸福之宫的人是有心毒害我，是坏人了。"

智慧："他们也不是。他们都是爱你。但是他们不知他们之如是爱你，适足害你。时间同幸福之宫的人都是爱人的，只是他们爱他人的方式不同，便使他们彼此相恨。人与人间的恨，常是自爱之方式不同出发的。"

人生："我不了解幸福之宫的人，如何会由爱我而反害我？"

智慧："你知道幸福之宫，是如何建筑起来的？那是失败之骨骼建立起来的啊。你记得起你登幸福之宫，几乎落到绝望之谷中，你知绝望之谷中，有无数失败者之骨骼吗？你知道'幸福之宫'的一层一层的阶梯楼殿，都是他们的工程师拿失败者骨骼堆起来的；金碧辉煌的颜色，都是失败者之血涂成的吗？这些事情他们不知道，因他们只享受宫中之安乐。他们也不问工程师如何做的。所以如果你在里面久住，你的同情心便会自然麻木。而且自他们把三层地下室建筑成以后，他们尚不知把地下掘这样深

善恶观念之初现

后，将通到什么地方。我告诉你，在地下室底层墙外，都有一地道，通到另一世界，名'罪恶之世界'。你只要靠着墙，墙便倒。墙一倒便到罪恶之世界。这罪恶之世界存在其旁，也是他们所不知道的。这罪恶之世界中，全是毒蛇猛兽，其凶恶可怕，是

你现在所不能想象的。好在时间把你救出来，不然你也许不当心一靠墙，墙倒下，你已到罪恶世界，被毒蛇猛兽把你吞噬。你想着罪恶世界中毒蛇猛兽之可怕，你便会庆幸你之跋涉这样之凄凉寂寞的长途，不算什么苦痛了。"

人生："你的话把我疑团全解释。时间老人真是我的恩人，我不该怨他，我真失悔，不该在他把我救出之后还在路上作梦，想着幸福之宫中的生活，以致他三个小孩子，也离我而去了。"

人生说到此，一个念头转上心来，又说道："……但是你说罪恶之世界有极凶恶的毒蛇猛兽，那种毒蛇猛兽究竟如何，我尚未见过。我现在想，如果我真由那地下室经过，

好奇——人类犯罪之最深的动机

到罪恶之世界一看，再让时间老人把我救出，那不是更多一番经验吗？"

智慧："你真入罪恶之世界，时间老人本身，又把你救不出来了。"

人生："不过我未到罪恶之世界看过，总是经验上之一缺憾。"智慧："你真要想到罪恶之世界吗？犯罪也可增加智慧，那就让你去吧。罪恶之世界就在眼前。"

五
罪恶之尝试

　　智慧说完，一对眼睛与口都不见了。他仍一个人在无边的虚空中下坠，他觉着寂寞随他的下坠而加重。忽然见前面有一好像才十七八岁的女郎，伴着一侍女大约十一二岁。那女郎是沉静美丽而温和。他问她是谁，她道："我吗，我名叫'空间'。侍女名'惰性'，他是侍奉我的。"

　　他久闻空间之名却未见过，今忽得见，他带着惊喜问道："你不是时间的妻子吗？时间到哪里去了？"空间道："我正是时间的妻子……时间在你沉入虚空时，到你母亲那里迎接超人去了。你母亲将生育一超人，你知道吗？"

　　人生想，如果他母亲真正将生育一超人来作他的小弟弟，倒是有趣的。但是，他忽想着时间同他三小孩，把他抛弃的情形。他想着时间虽救了他，却抛他在凄凉寂寞的长途中，任他沉入虚空，他总非真爱他。原来他是到不可见的世界中去接超人。他想着时间之喜新厌故，他怨恨时间的心又起了。这次怨恨成了真的怨恨。由怨恨时间而觉得对未来之超人，也有一种嫉妒。他想到此，智慧的眼口又出现了。他向人生道"你以未入罪恶之世界为憾，你看面前不是怨恨与妒嫉，两条罪恶世界的毒蛇吗？你不要嫉妒超人之出现，怨恨时间之离开你，只要你自己努力为超人，你母亲将不另生育超人，时间当永远忠于你”，智慧说完又不见了。

人生又失悔了。但他又惊讶何以虚空中，会来怨恨与嫉妒两条毒蛇。忽然怨恨之蛇发出声音道：

“你个人失悔是不行的。你把我引出来，我是不能轻易回我的世界的。你要我回去，我只能经过报复的桥，而与你一路回去。人生，你要对时间报复，你要去诱惑他的妻子，让我的同伴嫉妒之蛇去缠绕他，这就是你的报复。”

拖转宇宙生命创进趋向的野心

怨恨之蛇说完话，人生又堕入白日的梦，见着他与空间女郎之间，果有一道桥。两条蛇不见了。他觉得空间女郎是可爱的。他似乎忽见桥上，幻出他过去在幸福之宫中，由爱情引他到地下室一段经过。但他走到最下层，果碰着墙，墙一倒，罪恶世界之路牌显出。他一直走过去，但哪里有什么毒蛇猛兽？明明是一极清幽，充满花香与月光的花园，他看见空间正倚在池边石棹畔，惰性依着她。空间说：“我等待你很久了。我早知道你要来，我很想离开时间，那老而不死的东西。他同我的性格本相反，我们已冲突无量次。但是只因为我除他外，不曾见另外的男子，我只得忍耐。但是我现在看见第二个男子了，我们把今夕作为定情之夜吧。惰性，你去把人生先生的手拖来，我们握手吧。”

人生此时已忘了时间是如何的庄严慈祥，同他有个什么关系。

这时时间成他怨恨的对象，他须要报复他。但他忽然想到时间的威力。他说道："空间，你的好意，我很感激，我愿完全接受。时间对我，也太残酷了。但是时间的威力是很大的，他会破坏我们的关系，使我们不能长久相好。"

空间道："时间可以毁坏一切，但他不能毁坏我。他依赖我而生存，他不能离开我。他离开我，便莫有人替他散布他工作的足迹，也莫有人替他保存建设的事物。他离开我，便什么工作也不能作，只有回到不可见的世界去。他现已回到不可见的世界与三小孩一齐去了——这三小孩无一个像我，我都不爱他们——我

> 一切罪恶之原，人之惰性与空间之摄聚性相结合——原始贪欲。已见智慧知道善恶之辩后而贪求幸福才成真正的罪恶。

们结合之后，他便不会再下来，于是这世界便是我们的了。因为世界原由我保存啊。至于此外的敌人，我的小使女名惰性，你不要以为她小，任何敌人的武器，调了她便全不能发挥作用。小使女为我们看门，我们便可以永远享受这样幸福的生活了。"人生到此，他觉到罪恶之世界，何尝是罪恶之世界，原是幸福之宫下之幸福之幸福。他想到此，智慧之眼与口，又忽然出现。智慧说："你还说不是罪恶世界，你仔细看看。"

人生一细看，哪里有什么花园，原来一望全是蕨藜织的铁树网，上面每一枝都盘成"自欺之网"四个字。他自身在一池旁

边，池水之涟漪动荡成"淫乱之池"四字。池旁石棹边挂一石牌书"忘恩背信"之石桌。石桌周围，全是张牙舞爪之兽，向着他。他们之毛织成纹，他知道它们是占有之兽、贪欲之兽、夺取之兽、痴迷之兽、瞋恨之兽。他忽然骇出声来，但是智慧的口突然发出大笑声道：

"你何必怕，只为你以不曾到罪恶之世界为憾，所以使你到罪恶之世界走一遭。其实这些都是你自己作的白日的梦，你看空间与惰性，不是还在那边很端庄贞静的立着吗？"

人生再定睛一看，果然见空间与惰性很端庄贞静的立着。人生想着刚才的梦，觉得非常惭愧，而尤其悔恨的，是在梦中竟把这样娴静的女子，变成诱惑他的主动者。他无异把自己犯罪的责任加到对方身上，他诬枉了她，这是他更大的罪恶。他真不知要用何方法，去涮洗他自己的罪恶。他不能向她解释说，他把她诬枉，因为她本不知他曾诬枉她。但是他不能原谅他自己。因为梦是他自己作的。他深责自己，如何会作这样不正当的梦。他只有想这是梦，到底不是他的行为，使他暂时得一种自慰。他突然想起空间刚才的话说，时间去迎接他弟弟超人去了。他重问："时间真到我母亲那里，迎接超人弟弟去了吗？"

空间同智慧一齐笑起来。空间道："这是智慧叫我欺哄你，试验你是妒嫉超人，还是自己想当超人，并试验你其他道德能力的。"智慧赓续说道："我现知道你之道德能力不很大，但是你能惭愧悔恨你的过去，你是有上升为超人之可能的。其实时间并不曾去接超人，因为根本莫有超人。超人只是人继续向上超越他已成的自己。时间自见你怨恨他，而沉入无尽的虚空以后，他就去为你预备一船，名为'理想之舟'。你坐在上，你便能继续的超越你自己。他立刻要回来了。"空间又赓说道："因为我在这里，时间便不能一直前去不回来，他时要来会我。他一来，我叫惰性拖他来与我握手，我的手便会转他运动的方向，而使之成为螺旋式循环式的运动。你看，他已来了。"

人生看时间老人果然来了。他仍然白发苍苍，带着庄严慈祥的面容，旋即与空间握手。当他们握手的当儿，时间果然应了他从前对人生所说，变为一翩翩的美少年了。人生见了非常惊讶。时间道："理想之舟已预备好，人生你坐上吧。"

六
价值世界的梦游

　　人生道："此地莫有河流，此舟如何驶行？"时间道："我此次同空间握手，又当你同智慧在此，我与我妻子及其侍女，便会化为一河流名为'实现理想之河'。我是河水之前端，我妻子是河水之腹，惰性是河水之尾拖住河身，免得河道会卷转来。我们一切财产，全部世界之事物，都成为河中之水波，顺河道下流。你坐在船上，智慧便是舟子。"时间话说完，一道河流，果然出现。他已坐在船中，智慧当梢公。他觉这河愈向后面看，愈觉其宽广，只见浩浩荡荡的水汹涌而来。然自前端看，则只见渺茫一片，不知是水或虚空。他的船又好像在一平静的湖面上流，流过后则拖成一角锥形。但角锥以外便不见河。他见角锥之尖端是左右摆动，他知道船本身的方向不是直进而是循环螺旋的进。他问智慧："何以船如此进前进？"智慧道："因为河腹中的水波之涌进方向不一，而舟之方向，不能不顺从载运他的水流之方向，所以他必须摆动。这就表示人生的理想，以人生在不同环境中，常常有动摇，而实现理想的努力有一时的懈弛之故。但是就全部来看，时间之河端，总是领导着空间之河腹前进，理想之

218

舟，总是随着实现理想之河流向下流的。"

人生："实现理想之河，究竟流到哪里才停止？理想之舟将停泊在何处？而且在这广漠的虚空中，已无地球之存在，因为地球及一切星球，都只是空间的河腹中之波。那吗，地球或天体的吸引力已不存在，这实现理想之河水，是谁的引他流呢？"

智慧答："在渺茫的天际，有一世界名'文化价值世界'。文化价值世界，是现实宇宙的重心。我们的河流便往那里流，那世界之土是吸引我们的河水向那里流的。我们的河水流到那里，便浸润在那土地里面。那土地本身名'心灵之材能'。我们的河

价值观念对于文化的根本性主宰性

水浸润其中，成为那处的池沼沟渠之水，便是使那世界中的植物生长开花的。开成的花树，名为各种文化之花树。文化的花树之种植者，是那世界中的人，名'价值'者。名价值的人很多，他们群聚而居。主要的有三群：真群、美群、善群。真群、美群各有港湾，我们的船，便停泊在那港湾里。"

人生问："我们今晚停泊在哪一湾？"

智慧："他们的港湾，在一圆弧之岸边。我们今晚无论停在哪一湾均可。但是在我的意思，我们最好泊在较近的真群之湾。"他们一面说，看看就到了真湾。一岸长满垂杨，千条柳丝，都低垂到水边，微风吹过，荡漾成怪可爱的花纹。智慧道："现在已是落日衔山的时候，我们不能上岸游玩。我们今夜，便把船靠在柳阴深处，待得明朝，我们再去拜访岸上的人。"人生

亦莫有什么异议，他们便把船在柳岸边靠下了。渐渐斜日西沉，一弯新月，从柳枝中映现。美景使人生忘却过去的一切，他感到大自然之无尽的渊深，他的心将沉醉到大自然中去了。但是他的心，不能真沉醉到渊深的自然中去，因他心中怀着更渊深的疑问：究竟这价值世界中的情形是怎样？其中的人是如何的生活？但此时夜亦同样的深，他也不能上岸去，他只好拿这问题问智慧。

智慧道："我也可以告诉你一些。在这价值世界中主要的三群人中，真美群全是年青的女子，就说她们女小孩子吧。从我们这岸上去，是真群之地，上了岸约莫十里多路，都是一望的草原。过了草原，便是一带以古怪的方式，错

真美都是被体验的对象女性

综纠缠的松林。从松林进去，却是一大池，有数十里之大。池中满长着荷花。真群的女孩子，便分别的住在荷池之中，用荷干结成的亭台。那些亭台，不知是'何名'，莫有人知道，这是一永远的问题。她们的工作，主要的是培植荷花。荷花开了，莲叶大了，无数的荷叶便互相连接涵盖起来，如席子一般。犹如各种知识之相涵接。她们身体轻盈，便常在莲叶之上休息睡眠。她们有时翻到荷池中去游泳，采起荷花之根，在泥土中的藕，把藕丝织成衣服。但她们不吃藕，只吃莲。莲子才是真理之结晶而孕育新真理的，藕只是心灵之土中的思想之本质。"

人生问道："她们何以不吃藕呢？"

智慧："她们不吃藕，她们只把藕切成薄片，用藕丝织成的丝线，穿过藕片之孔系着，用莲叶作成的莲袋装着。这是她们通常用以送给她们的情人之礼物。"

人生惊讶："她们也有情人吗？"

智慧道："她们大都有。"人生问："她们的情人是谁呢？"智慧道："她们的情人便是美群中的人。"

人生更惊诧道："你不是说美群的人也都是女子吗？"智慧道："你不能用现世界的眼光，去看价值世界中人的爱情，我告诉你真群的人与美群的人的爱情方式，是非常特别的。她们都是女子，真群的人装扮成男子来谈爱情，你知道吗？"人生道："这有什么趣味呢？"

智慧道："这就是你所不了解的了，但是你一朝会知道。"人生也不便再问，遂逆转而问道："但是美群的人所居之地的风景又怎样呢？那里距真群所居之地有多远呢？"智慧道："美群所居之地，在我们这里直望去东面的烟雾迷漫之处。美群的港湾上去，便是一片沙滩，从沙滩过去望见一带芦花，便是连绵不断的小山阜。在山阜之上满是桃林，远望

云蒸霞蔚，浑成一片。桃林中疏疏朗朗的筑着芦草盖的茅舍。美群中的人住在那些小茅舍之中，她们除了培育桃树吃桃子之外，她们天生性较真群之人更好动，喜作游戏。常在桃林中，逃来逃去

221

捉迷藏，任扑面落英飞舞，积地软红盈尺。她们生性好动，在她们所居之小山阜之后，便渐渐到了一大山。重峦叠嶂，许多悬崖峭壁，好不高峻。但是这些女孩子常去攀登，比赛爬山的能力。此外上山近麓处，有一条向西平迤的大路，她们每当黄昏时节，或孤独的一人，或相邀游侣，从那大路过去。原来我们这河边看美群之地，似乎距真群之地很远，但是在陆地上则两地的里面，是可以相通的。所以，从我们所说之此大路通过去，便到一蜿蜒的溪壑。溪壑上有数十道桥，桥之两边，这岸是夹竹桃，那岸是柳，即真群之土地的领域。你从此便可想象真美两地毗连的情形。她们靠同一的大山，以一大山为背景。她们的二地如一大山参差的伸到水边的两只足。每当黄昏时节，美群的女孩子，便常经过山上，一路直到溪壑之岸边去。原来这时，也便是真群的女孩子一天工作完结后，通过大池之彼岸，到后面山上去玩的时节。所以她们常常装扮成情人，在溪壑之桥上幽会。一对情侣，独占一桥，杨柳与夹竹桃，把她们彼此互相隔绝，使她们自成一小天地。她们互相表示钦慕，我说你是最和谐的真理，并即最美的真理；你说我是最真实的美。暂时她们各以其情人为至高无上，于是她们暂时，也自以为其是至高无上的真或美。她们忘

偏执的真美之绝对性

了在同一的地方，也有其他情侣在此幽会，说同样的话。她们只好暂时以整个的宇宙，都是她们的了。但是我还莫有告诉你后面大山上的情形。你一定要问那大山上是否住有人，那我便可告

诉你，那大山上所住的人，便是善群的人。善群的人却不是年青的女子，也不是年青的男子，而都是七八十岁，白发飘飘道貌岸然的老头子。你知这些老头子从何而来？说也笑人，原来就是这些曾经过恋爱的美群的女孩子变的。这些女孩子老了，便会变成七八十岁的老头子。你说好笑吗？但是你要知道，这正是宇宙之最奥妙的地方。这善群的老头子，居于山上的大树林中，在大树上筑成房舍，有走廊相通。他们莫有事，便是下围棋，数黑白子。只是下围棋的生活也闷人。他们已太年老了，莫有年青人好运动的兴趣，他们下午只出来游逛游逛。他们常在半山之间，遥

善欣赏相爱的真美以充实其生活

望见在半山之下的溪壑，他们可以看见桥上情侣谈情说爱的情形，使他们回忆起，他们的青年时代的心理，而感到青春的再生。他们欣赏她们之爱情，而常不禁发出会心的微笑。这是他们一天下棋把神经疲倦以后，唯一恢复新鲜的生命活力之道。不过他们有时也会高声狂笑。因为他们从上至下，明明

偏执的真美之绝对性，有存在的道理，然善能超越偏执

看见许多桥上许多情侣，同时在那儿谈爱情，而爱情中的情侣，竟以为整个的宇宙只是她们的。他们觉这太可笑了。不过他们想，他们年青时，也如此，他们最后只有对他们自己，大家取笑一阵罢了。自然长出夹竹桃与杨柳，把许多桥彼此隔断，不相望见，谁能在此桥上谈情说爱时，不以整个的宇宙是自己的呢？”

人生听智慧一段话，不禁听得入神。但是忽听智慧道："夜已更深了，我们大家倚船舷而睡，明天我们再去游玩吧。"话说完，智慧便躺着船舷睡着了。但人生听了这一段话，觉得价值世界真是太有趣了，他总是想去看价值世界中的女孩子与老头子的生活，他又睡不着了。看看月已当中，他仍不能合眼。渐渐朦胧睡去，忽又醒来。望智慧已不见，这时河水不波，柳叶静静的垂着，一切都悄无声息。他想一定是智慧在如此月白风清之良夜，一人到岸上游玩去了。于是便独自上岸，他通过柳阴一直走去。虽然是一广漠的草原，什么曲折都莫有，然而他一直前走，觉有无穷意趣，脚步总不能停。渐渐通过一松林，看见一大池中，有许多楼台。但楼台中既毫无声息，也不见灯火。他知道其中的人都睡了，而且池中的荷花荷叶，都静悄悄的闭着，似乎也都在睡眠。他沿着池岸走，此外亦竟不闻一点声音，连青蛙入水的声音都莫有。他忽觉得寂寞的可怕起来，他自己的脚步声，成寂寞之威胁之象征。他正想回去，忽然听见池边的林外，有数小孩的笑声，他便离了池边，从林中斜插过去。原来却是他在幸福之宫里所见之数小孩：忘忧、莫愁、怡怡、天欣等。他觉得很惊诧，但他一面已与他们招呼，他们都一齐叫一声"人生先生！"表示非常欢欣鼓舞的样子。人生打破了他的寂寞之感，也非常高兴。人生问："你们如何到此处来了？"他们道："自从时间与他三小孩，把我们的宫殿毁坏之后，我们的父母便商量决定迁家，我们便迁到这附近来住了。本来我们可以仍在原处建屋的，因为你知道我们的父母，是永远有重建我们的房屋之能力的。我们都能死而复生，何况雇工程师重建房屋？我们这次迁居，是我们的老客人幸福主义哲学先生建议的。他说在原处建屋已莫有意义，我们的父母，便商量而顺从了他的建议。这详细的理由，我们不知道。现在我们的家，便在此树林之外，今日是我们祖父之生日，我们一家团聚吃酒到夜深。现在我们的父母与祖父正在谈天，我们见月色很好，便出来玩，你愿意到我们家中去坐坐吗？我们的父母，常常都在谈起你，很念你呢？"人生在此时似乎已忘了一切的顾忌，他又经了这样久的行路寂寞之苦，于是不觉说好，五小孩拍手道："真好，我们回去吧，你不认识路，让我们在前面走。"于是五个小孩便嘻嘻哈哈的向前走，人生跟在后。但是人生走着走着，抬头望月，见月渐起了晕来。天空中又似生了雾，雾愈积愈厚，看前面的五小孩似乎越走越远。然而他们的笑声，又似与原来一样的近。人生问："究竟还有多远呢？"他们道："便要到了。"但是此时五小孩的身躯竟全隐没于雾中。他再喊，便莫有回声。渐渐雾更浓更厚，一切山、一切树以至连地，

以欲有所占获贪求幸福的观念去发现价值将陷入雾中。只有无私无求的智慧能领导人发现价值自然到幸福之宫

似都沉入雾中，人生看他自己的足，才知在雾上面走。抬头望月，哪里有月？充塞天地竟全是雾。不过雾似有月光浸润相当透明而已。人生想道，又糟了，在此雾中，究竟如何走法？又走到何处去呢？他想不该随从五小孩走，如何在价值世界中还忘

不掉幸福的观念呢？进而失悔，不该一人跑上岸来，他想："我如何不听智慧的话，待次日与他同上岸？他知道路径，不就不会迷失了吗？"他想着他之屡犯过失，不禁痛哭起来。才放声一哭，他忽然醒了，原来又是南柯一梦。他看见智慧正从船底上来，问他道："你怎样了？"人生便把梦境告他。智慧道："我刚才见月色很好，水波不兴，所以我跳下水去游泳沐浴一阵。刚回来便闻你之叫声，我便上来。你看现在天已鱼肚白，太阳马上要出来了。我们本来可以预备上岸去玩，不过你作这一梦，却作坏了。因为作梦即灵魂的出游，你今夜灵魂出游真地。你要知道你在池边走时，一切何等的寂静，你的足声却把一切都惊动了，真地的女孩子及荷花的睡眠，都被你扰乱了。她们昨夜都不曾安眠，她们今日要补足昨夜的睡眠。所以我们今日上去，将会不见一人。"人生道："梦不过我的梦，如何会扰动那上面的人？梦是假的，不会影响实际事物的。"智慧道："你又错了，如果梦真是假的，如何会使实际上的你的身体发出叫声呢？你要知道梦境同真境，是莫有分别，因为你作一梦时，便真作此一梦了。而且在真地的港湾畔作的梦，更是绝对的真的。所以你梦中所见的情形，亦即是实际的情形。真理之池，大概也就是如你昨夜梦中所见的样子，所以我们今天可以不必去了。因为去仍然会不着一人。"人生道："那我们到美湾去吧。她们今天总不须睡眠，我们可以会会她们。"智慧道："也不能，因为在价值世界中，一到夜间，便全体是寂静的。所以一处的声响，便传遍了价值世界

> 游价值世界当在白日与智慧一道；实现价值要是彻底自觉的，才能真认识价值。

之任何处，全价值世界之任何处的声响，都是互相感通的。所以你扰乱一处人的睡眠，使任何处人的睡眠都扰乱。她们今日都要补睡。你无论到何地，都不能会见一人。"人生听了这话，非常懊丧，便道："那我们不须会人，随便上岸玩玩风景亦好。"智慧道："你只要了解我以上的话，那亦不必去。我告诉你，我们今天顺着此河流流下去，河流便渐狭，此河便可通过真美两地的溪壑。这溪壑又一直通到一峡，这峡便是善山脉之二中峰，相交而成。下面是峡，上面两峰之间，仍有相抱的悬崖。我们的船，从峡中通过去，又有数十里，便是一大江。我们的河水，便流入其中。那大江即'永恒之江'。此江环绕一国度，那国度名'不死之国'。你的父亲母亲都在那里，我们今天赶早开船，我们便可到不死之国见你的父母。我们现在最好离开价值世界，到你父母那里去。我们将来到价值世界去玩时很多。我们今天不必去了，就是你昨夜几乎重去玩的愉愉等之家庭，也确实移到这附近来，你以后也有再去玩的时候。"

七
到不死之国的途中

　　人生听着从此过去便可到不死之国，见他的父母，一时心花
怒放，觉得到价值世界去玩也不必需了。他想：智慧既为我证明
我梦中所见的即价值世界之真境，我已算到过了价值世界，又何
必马上去玩？我现在只要通过此地之溪壑峡口，也算游历了价值
之最主要的地带。便决心不上岸去了。于是人生与智慧，马上开
船。顺着河流过去，通过真美两地的溪壑。一路上虽不见一人，
但是奇山异水，幽秀回环，真是说不尽的悦心研虑。船行了不
久，果然到了一峡。忽然听见一阵歌声，智慧道："这是真美两
地的女孩子，都补足睡眠而起来了，你听她们的歌声。"人生回
头一望，遥见已过的溪壑之旁半山之上，果有许多仙女一般的女
孩子，在那儿游戏。一面唱着歌，但是已看不清楚。人生正想侧
身穷目，尽量一望。智慧道："不要望了，我们要过峡了。你要
当心，这水因两峰山势一逼，水流很急。我们必须顺着中心的水
经下去，此两峰之下的峡，是最难过的。
船身一偏便滚入矛盾的水势中，而被水淹
没了。在此处爬起来，最不容易呢！"人

善与善之冲突与贯通

生听了不敢再望，只静静坐着，听隐隐歌声渐远。好在莫有什么危险，船身便顺着水经，流过去了。过峡以后，水流似箭，转瞬便是大江在前横亘着。智慧道："到了此河入永恒之江处，我们便要上岸。"说着，便到了河入江之处。人生与智慧，便一齐上岸。真奇怪，人生智慧一上岸，便见他们所坐的理想之舟亦飞起来，一直向前面白茫茫的大江上空飞过去，变成一鸽子，渐渐愈飞愈远而隐没了。人生问："何以此舟会化为飞鸽？它飞到何处去？"智慧道：

理想本身亦是一工具

"我们已到此永恒之江，此理想之舟已用不着。他化为鸽子，是飞到你父母处报信去了。"同时人生回头一看，原来的河水也不见。忽见时间与其妻子空间及侍女惰性从后面走来，人生顿然想起此河，原来是时间与空间化身而成的，想着他们化身为河，送他走这样远，觉得非常难过与感激。于是对时间空间恭恭敬敬作一揖道："真感谢两位老人家，你们是太劳碌了。"时间道："你是我们的小主人。我们服侍你是我们的义务。你们不能单独过此河，我们须背你们浮过去。"人生想起时间从前说过，他将背他过江，而在此江中死去再复活，于是又问道："你背我们过去真要死一次而又能复活吗？"时间道："怎么不能？我不是本身便可化为河水？江水怎能淹死河水呢？我的妻子空间在此，我死了，她唤我一声，我马上会复活的。"人生相信时间的力量，并相信他的话之真实。于是让时间把他与智慧一手挟一个，看看江面虽宽，忽儿便浮过去。到了彼岸边，

229

时间把人生、智慧两人送上岸道："你们慢慢走吧，我要回那一岸，作我的工作去了。"人生上了岸，侧转身便遥见空间在那边招手道："时间过来吧！"人生突然见时间已在那一岸立着了。人生很奇怪时间过去为何如此之快，便问智慧道："时间不是说他送我

过江要死一次，死而复活，为何他死与复活如此之快？而且马上到那一边去了？"智慧道："时间送我们时是要慢慢的走，但是他一人走，却可以无以复加之快，以致可以不经过时间。他由死而复活，也可不经过时间。因为时间即是他自己。所以他转瞬便到那岸去。而且你看时间空间，现都不见了，他们已去作他们的工作去了，我们走我们的路吧。"

　　人生回头，一开步走便见一摩天石级。他想这路不知又是何等的长呢。他想人生之路太艰难了，过了一层又一层。直到如今入了不死之国，满想马上可以见父母，又谁知还要升这样摩天的石级。这石级看去，又像无穷无尽，真不知何时可以到呢？但是他刚想要开步走，便似陡然将此无穷无尽的石级都走完一般，到了一宫殿中。他正奇怪，智慧道："你不用奇怪，时间空间，不都是回去了吗？在不死之国，一切都是一开始，便完成。便不须如我们在世间上之须经过时间空间了。"人生道："我父母在此宫殿何处住呢？"智慧道："此处何尝有宫殿？你试看看。"人生定睛一看，并无宫殿，只见一草原。人生又问道："究竟我

230

父母在何处？"智慧道："你随我来，过去就到了。"人生马上顺着智慧走，突然现出一草屋。他母亲正在门前，用泥耙弄草。他见着他母亲，顿忆起他五岁以前关于他母亲之一切。他重见母亲慈爱的面容，不知不觉跪下去掉了泪来。母亲道："我儿不要悲伤，你快来拜见你父亲。"说着，一皓首长髯的老人，便在面前。人生从来不曾见他父亲，但是他一见便知道是他父亲，因为他原是他父亲的儿子。他父亲道："鸽子来报信，我知道你要来了。我知道你在人生的旅程中，曾吃了许多苦，但是这都是我同你母亲共同的意旨。人必须吃苦，才能充实他自己，完成他自己。苦痛犹如磨练手劲的沙包，你必须尽量的同它冲击，然后你的力量才能增大。我与你母亲，都是想培养你成为下面世界的主人，所以更望你训练你自己的能力，多吃些苦。你忍不住苦，便不会希望幸福。然而我为要使你吃苦，便叫时间来破坏你幸福的梦，拆穿幸福的虚幻。世间的幸福，本来是虚幻的东西。但是你不能忍苦而自然的希望幸福，并不算过错，只是你留恋幸福，而不肯向人生路上前进，以探索更高之价值，便犯了罪恶。然而你之犯罪，由于智慧引你去见了空间同惰性。空间同惰性本身虽不含罪恶，但是你在梦中，使惰性拖你去与空间握手，你便会犯罪。原来下界有了空间惰性之存在，你初次由智慧引去见她们时，总免不了要作那样的梦。所以罪恶是你不能绝对避免而不犯的。但是智慧引你去犯罪，亦使你了解罪。你了解罪，便能湔洗罪。所以你再不怕一切苦痛，及一切罪恶。世界上莫有可怕的东西。最重要的，只是你要努力向上。你现在竟随从时间的领路，走回到你家。我同你母亲都很高兴，我们现在可以进去坐一坐。"人生便随着父亲走进去。但是一时并不见智慧，他想他一定去玩去了。人生入室中，与父母坐下。

父亲又道："你回家来，家中并莫有什么东西给你。本来你下界的兄姊们、动物植物的灵魂——在此便是你的小弟妹的灵魂——也到此多日，他们是住在后面的森林中。无事我不让他们出来，因为我正教育他们，规定他们每日的功课。他们听见你来了，他们计议，在今夜为你开一欢迎会，并共同演一剧——名为天地位万物育的——来欢迎你。预备把你在下界曾遇见的一切人，都请来作来宾，连罪恶世界中之毒蛇猛兽都请来。因为它们到此便都成为神圣的座客了。但是在我的意思，此时尚非你的兄弟姊妹表示亲热的时候，也不是你们欢乐的时候。所以禁止了他们，而且不许他们出来见你，你的责任在管理下界的世界，你还有更多的工作要做。你仍须到世间去，你在此不能久留，我马上要叫你回去了。"

人生听着这话，如霹雳一声雷。他想着好难得见父亲，而才一见，父亲却要他回去，不禁大哭起来。

父亲顿时发怒道："人生，你太懦弱了，眼泪是我给你的人生之宝珠，是不能随便洒出的。虽然，在此地洒，有人会为你拾起来，仍还给你，但是你不该随便洒，你必须回去！……"父亲说到此，口气又婉和了："你不要忧愁以后再见我是如何的困难。你经了这一次的旅程，你以后见我是容易的。而且此外尚有许多条从世间到此的路，这些路都是非常捷的捷径，你以后会知道。你将只要一动念，就能来了。你要深切认识，你世间的工作还多，我不能到世间工作，你必需代我工作。你代我工作，亦即是我工作，因为我以我的力量贯输于你。你爱我同你母亲，应当体承我与你母亲的意志。你必须下去，作你世界的事，走你人生的路，人生多方面路。你要知道，我同你母亲虽住在此，我们的目光，总是随时透到下界来——我的目光当透过时间的眼，你母亲的目光常透过空间的眼，来照耀你的生命行程的。"

人生听了这段话，顿觉他父亲的话是不错的，他认识了他应当尽的责任，只有尽他责任，才足以表示他对父母的孝道。

八
重返人间

他父亲见人生已明白了，遂含笑说道："我知道你重到人间，你仍将遇许多艰难困苦，你独自不够克服一切困难，需要人帮助。你原有一未婚妻在此，她同你重到人间。她可以帮你的忙，而且她暗中已帮助过你。现在应当认识你的未婚妻是谁，她以后将更可帮助你。"

人生听着他有未婚妻，顿觉非常奇怪，不禁问道：

"我如何会有未婚妻？她是谁？何时与我定婚呢？而且我不认识她，如何可与她结为终身伴侣呢？"

父亲道："你同你的未婚妻，在你未生以前便定婚了。她原是你灵魂的镜子，你不认识，我叫她出来。你便认识了。"

父亲不知如何叫一声，开帘便见一十六七岁的女孩子，扑嗤的笑一声走出来。他的父母此时，亦带着微笑不发一声，人生见这女孩子好面熟，似又想不起何时会过。突然说出一句"她的眼睛，我似乎看见过的"。

人生的父母同女孩子便一齐大笑起来。人生从他们的笑中顿然明白了。对女孩子说道："你不就是'智慧'吗？"但话刚说完，人生心中又突然惊诧起来，他觉得这样天真而带着憨态的女孩子，决不会是与他一路的智慧——虽然眼与口都很像，——那不是非常聪明而相当调皮的吗？但是此时那女孩子更笑不可仰，从她的笑声，她似乎已看透人生的心理，又似乎在回答他道："智慧哪里有一定的相貌呢？天真与憨态，才是智慧之本质呵！"人生又有所悟，心再转来。忽听见他父亲道："现在已认识你的未婚妻是谁了。你是重新认识她。你以前认识她，只是一偶然遇着的帮助你的人，你现在认识她，是你未来的妻子。你以前认识她，你只见她之眼与口，你始终不知她的身体在哪里，你现在才见她之身体。从今她对你之帮助又格外不同。现在时候到了，你不能久留于此，你须要同你的未婚妻，重到下界去了。你的未婚妻，她知道由此到下界、下界到此的路，你随时要回来，你可以要她引你回来。她随时可以指示你来的捷径。你现在也不要觉得离别有什么苦，你只要想着你有的责任，你必须尽责，才算顺从我们之意。你随时可以回来。你现在去，又有你未婚妻相伴；你可不再感行路之寂寞。"父亲说了一声："你们去吧！"人生看哪里有父母，只与智慧同站在原初上来时所望见的那石级之旁。见那石级似又不断的下坠。人生知道父亲的命令，是不可挽回的，应当遵守的，于是只好同智慧沿石级而下。他亦渐忘了离别之苦，因为他只沿石级而下，离下界愈近，便愈忘了上界；同时他新认识的未婚妻在旁，也觉得非常愉快。他们一路走，一路不觉说起情话来。智慧问："人生，你真觉我可爱吗？"人生道："真的，你呢？"智慧说："那当然了，如果我不爱你，我便不会奉你父母的命，到虚无世界中来为你引路了。"但人生一想起智慧为他引路的经过，想起其中一件犯罪的事，那爱空间的一梦来。他想那虽是一梦，但智慧是知道他这梦的，这梦总是不纯洁的梦。他想到此，不觉难为情起来，于是他坦白的问智慧道："你能原谅我那梦吗？"智慧道："你忘了你之犯罪，是我引你去的吗？你又忘了你父亲的话，人不能绝对避免犯罪，必须了解罪才能湔洗罪吗？我老实告诉你，我就爱像你这样曾在梦中犯罪的男子，因你已在梦中犯，知罪为罪，你在实际上便再无犯罪去爱其他女子的危险了。"

人生与智慧沿路走，看已渐到地面，忽见前面几个十八九岁的男孩子，与又一十六七岁的女孩子跑来，带满面笑容，招呼他们。人生一看，原来是现在过去未来三人，那女子却似不认识。忽听着现在说道："人生哥哥，你看我们好几年不见，我们都长大了。听说你同智慧姊姊已互相重新认识，成了真正的未婚夫妇，我们真高兴。这女子你认识吗？她就是我母亲原来的侍女，从你们上去之后，我父亲时间用他的法力，已使她大了五年了。我告诉你：真有趣，正在你同智慧姊姊互相重新认识的时候，我的哥哥未来，便同她发生了爱情，她将成我们未来的嫂嫂呢。"人生看看惰性，忆起他从前所见的那样带着忧郁面孔的小女孩，现在竟变成苗条而活泼的女青年，他想着未来的性格，感染人真快，而时间与爱情的力量，真不可测。忽又听见过去道："我们

236

的父母，都到那边山坳的店中来接你们，那一店即工作店，已移到此附近，但已大大的扩大成精美的旅舍了。他们正在那里预备筵席，我们要先回去，你们跟着来吧！"说着四个青年，仍如小孩一般又走开了。

人生见他们一跑开，便不见了，他突然发呆起来，智慧问："你如何又发呆了呢？"人生道："我忘记了一件大事，我一向不知我的姓，我只知我名人生，我忘了问我父亲，我父亲母亲姓什么？我的姓什么？这样怎好重到人间作事呢？"

智慧又扑嗤笑一声："你不要再发问题了。我们还是赴工作店的筵席要紧。"一面说，一手自己指着她的心又指着他，再指着上面的天道："那个使我的'心'同你的'生命'合而为一的绝对的生命的灵觉，绝对的灵觉的生命之'性'，便是你父亲的姓、母亲的姓，亦即你的姓。你的姓就是你的本性。你尽你的本性，便不至玷辱家门。"

廿八年五月作前二分之一
廿九年三月廿三日作后二分之一

心理道颂

前　言

　　本部，为全书《人生之路》三编十部中最后一部。动笔之初，旨在自娱，非以喻众。乃吾初所欲从事之哲学著作之导言。一般读者，须先读完后二编，方可略明其立言之故，否则宜缓读为佳。唯后二编，重朴实说理。以文字体裁论，此部与本编为近，故列为本编附录。因本部多用东土哲学典籍中之成语，由此诸成语之暗示性，读者亦可意会其所启示之哲学意境。此意境虽尚未清晰，有似烟雾迷离之远景；然人对兹迷离远景，或反可引出深远幽渺之思，向往超脱之情。故列为附录，读者如读之有疑，亦不必勉强求解也。

　　一、明宗

　　　　甲、心象；乙、物理；丙、心与理

　　二、呈用——文化

　　三、立体——率性

　　四、世出世间

　　五、思道

第一节
明宗

甲、心象

一

茫茫大块，悠悠高旻。乾坤父母，藐然我身。形骸七尺，百年电惊；时空局限，与物无分。谓人同物，异执纷纶。凡彼外论，莫得其情。

二

反躬内省，孰觉物身？有身有物，唯觉所明。自觉此觉，觉"觉"谁人？求之靡前，汲之愈深；泉源混混，冲而徐盈；搅之不浊，澄之不清。伊彼觉源，先天地生。猗欤此觉，不赖身存。

三

觉者伊何？心光照耀。耳目伊何？光之发窍。明照自兹，远无不到。所照者境，能照所到。"能""所"（能觉与所觉）不离，到实不到（言无所谓到，以本不离也）。光澈万象，万象在抱。心即宇宙，斯言匪奥。

四

光照之喻，喻取一分。光之照物，相与弥盈。唯心摄象，心复上临。上临曰"纵"，摄象惟"横"。带象为摄，超象为临。觉源不竭，运化无形。"能"既带"所"，如复上升；并前"能""所"，推之下沉；心恒在顶，自明其明；视先之明，已之留痕。雪泥指爪，鸿飞冥冥。

五

唯心之德，不滞不溺；新新不已，弃其旧迹。周巡万象，与时消息。不在象中，不在象侧；谓之象中，宁谓象侧；常运于虚，通前后实。象如波端，心居波脊；波波相运，端不可得。

六

万象迁流，前逝后生；方生方逝，方逝方生。当下所见，唯此方生；生时宛有，一逝无痕。一有一逝，和合成名。有逝和合，生即不生。以此观世，何有何存？时运万物，如水注壑；未来未有，过去先零；现在不住，倏尔沉沦。自时观世，世界匪真。

七

心随时运，变化无方；虽云随化，不失至常。今觉昔觉，觉觉交光，匪惟相续，觉性无双。谓之相续，外论无妨。反躬内省，今昔无疆。今觉觉"昔"，今昔同行。今不至昔，焉得交光？今若至昔，时变何伤？时惟外变，觉自真常。（《道德自我之建立》中世界之肯定——第一、二、三节，不外注解上七段之意。）

八

象常象变，互为纪纲，常在变中，变谓变常。唯心之德，用变体常。用能滞所，滞所用伤。能不滞所，变用其方。因用恒变，用乃无疆。由用之变，用乃得常。用常体常，体用相将。

九

体既恒常，缘何用变？用若真变，体焉得常？当知用变，唯自用观；自体观用，变实不变。变惟显现，明镜高悬；影宛来去，明镜无迁。

十

自心观象，象随心显。心体不变，象亦无迁。惟心之德，不滞不溺；舍此转他，象若宛移。似离谓往，将即谓来，往来交替，遂成三世。时间范畴，由斯以立。时哉时哉，依用假立。既立之后，反加于心，谓心有变，妄议纷纭。

十一

自心观象，象依心存。心用流行，象若浮沉；已逝非丧，惟显之隐。当前一念，万劫常存；永矢弗忘，作用潜生。自心观世，幻必依真。世界幻影，摄幻者真。心真世真，世界坚凝。

乙、物理（上节以心摄象，此节化象为理）

一

唯心摄象，象实万殊。然彼万殊，同为心"所"（心之所对）。心"能"本一，一实统多。统多之事，类同别异。心随时运，舍彼接此。当其接此，心光两歧：方注于此，即复彼彼。彼彼者何？类同之始。既复彼彼，转而此此。此此者何？类同之次。既此此已，平观彼此。彼彼此此，别异兹起。类同别异，皆缘反视。反视伊何？心注逝"所"。心若外倾，"所"遂自成。自同自异，转与心对。客观物界，盖由斯立；空间观念，盖由斯起。

二

心注逝"所"，状若外倾。唯此外倾，非特成"所"；当其成"所"，亦复成"能"。缘此反视，逆转时向。时向呈变，逆转复常。复常于变，类同之始；用不滞常，再变此常，又复他常，类同之次。彼此置定，心游其间；以此斥彼，以彼斥此。二者相拒，各居其位；心为其枢，不偏不倚；两端在握，得显至常。

三

别异类同，彼彼此此。谓此为此，定此于内；谓此非彼，定彼于外。心光规物，内外齐规。一念双规，世界重分。心之宰物，于此肇基。

四

彼彼此此，心之物物；唯此物物，不同物役。缘心规物，规而不着；当其规物，即复推物。谓此为此，还此于此；谓此非彼，还彼于彼。物还其物，心即自还。陶人作器，器成手迁；心之规物，凯歌而旋。

五

唯心规物，规而不着；类同别异，事乃无已。初惟具象，时空隔距；继得共相，异所同状。曰形曰色，参伍错列：朝霞卧波，月明映雪，春山如笑，残花若泣。望彼共相，宛然独立，游绿飞红，有魂失魄；漂荡东西，不知所息。无家可归，长为世客；劳也诚劳，逸也诚逸，朝发昆仑，暮观海日。时空诚大，共相贯摄，不行而至，其行无迹。心有共相，时空失力。

六

唯心之德，不滞不溺。共相不忘，亦复成执；故得共相，还以附物。以相状物，使有所属。视物为主，游客来宿。主居时空，有家有屋。众客齐来，或延或拒；拒者谓非，延者谓是。拒者何之，望门投止。客既入门，门复外闭。相入物门，是名为理。相唯乎此，理实通彼；理之为言，贯同入异。理属于物，转名物理。客行入屋，外惟见屋；遂谓物实，相成虚廓。推相入物，心得超脱。

注：此段谓以所见之相，表状所谓物，归之于物，遂谓物之能以如是相表之，而不误者，由物有显如是相之理。

七

物具多相，物具众理。相既入门，称名曰理。孤客远来，问主谁氏。冠盖满堂，皆云是理。同宿于兹，到有早迟，明晨分手，还各分驰。欢言揖让，聊定主宾，先到为君，后到为臣。臣忘其我，君忘自尊，名分随定，聊便呼称。

注：初谓物有理，然析物至极，惟得物之众理。物所表现之众理，有逻辑上之隶属关系。兹以时间之先后，喻诸理逻辑上之先后。

八

晨鸡唱晓，曦光微明，理无定在，客复长征。浮生暂会，宛尔相亲。开门话别，阡陌纵横，各奔就道，约会长亭。方言再会，众客齐惊。回顾居舍，倏尔奔腾。烟飞雾灭，缥缈无形。物唯理聚，理散物零；唯理是实，万里鹏程。

九

唯心识理，理理相承。物有聚散，物有毁成。缘何而毁？缘何而成？成毁为果，成毁有因。后物为果，前物为因。因因无尽。无最后因。驰心入幻，疑惑环生：因若有果，何必果生？因若无果，果安从生？乃知因果，方便立名。唯理相承，果不虚生。唯理相承，果乃天成。因不生果，果不自因。全因该果，全果彻因。非因定果，亦果定因。因果互定，基理为根。因物果物，分段立名。

十

唯心识理，观物皆理。万象森罗，唯理之布。象如有状，理实无形，潜移默运，万象滋生。唯理交会，象若宛成。谁使理聚？自聚自凝，自成自化，天则流行，提挈造化，亘塞乾坤。理无散往，千古常新。谓理有往，泥理于象；谓理有散，定"空"（空间）求见。扫象忘"空"，理则常呈。新不成旧，但有新新。谁云有物？形形不形。

十一（赞知）

唯心识理，思入风云；超以象外，万化游心；汰繁入简，去杂成纯；以一持万，以故推今；研几质测，穷幽极深；由显知隐，以微知明；目营八表，神会玄冥。宇宙之奥，匪如心灵。

丙、心与理（此节融理归心）

一

"唯心识理，理乃心知。心但觉理，理觉攸分。心虽未觉，理自常呈；理之世界，外心潜存。唯心之义，将不得成。"此疑千古，难哉言明。

二

原彼执定，理在心外。实由坚持，理有理相。心虚无相，理若有相，心之与理，遂谓为二，理之世界，遂成心对。然求实

250

谛，当明下义。

三

理有其相，义只一面。盖心求理，不孤立理，循理而转，理
自扫相。理之世界，理无理相。无相非对，执外失据。

通物之理，相无不扫。因理通物，呈一于多。一呈于多，多
各有理；一多相贯，扫前理相。万象递迁，众物融会，物相理
相，俱时而融。洪钧转运，毁裂苍穹；凡所有物，相无不融。物
中理相，亦复同融。

四

"物唯理聚，未聚无物；理有可聚，会当有聚，对实物言，
物外有理。"（上问下答）此先物（之）理，相亦不保。凡思所
及，理皆有限，唯有限理，思中显相。然理据理，高低相望，
低者在高，高泯低相。凡较高理，概彼低理，低理为分，高理为
全。会分归全，唯全是实。分相入全，分相皆丧。

五

理相之丧，由有包之。包之者全，被包者分。全能包分，以

兼他分。他分对此，恒为其反。凡所知理，无论内外，无不有反，相依并在。先后大小，时空范畴；一多因果，思想范畴；无不两两，辗转阴阳。孤立正理，未见其反。思有不及，非无其反。纵惟正理，心可离彼。注目于虚，便使正忘。孰使正忘？必有其理。如无其理，理非至上。忘正之事，于理何依？忘正之理，心之反理。此理反正，适足销正。销之使忘，此理堪任。唯此反理，与正相对，销正忘正，正不独贵。

六

循此以思，理之世界，诸理相对，相对并在；并在相连，亦复互赖；互赖相渗，不得为二。相对互渗，即为绝对。相对两端，中为交会。绝对为中，摄彼相对；两端在中，两端同泯。故理世界，理体不二；各类之理，必自相对，如八成四，如四成二，二复不二，统于太极。太极绝对，全摄理类；理类泯相，虚而不昧。

七

心之穷理，由前溯后，由低溯高，由左溯右。理运乎心，环心辐辏。心不滞理，能销理相。心销理相，相无不丧。即此足证，心为理枢；相对之理，并存心体。

八

心之穷理，必求至极，贯彼众理，会归于一。能觉无"限"，永超已成；"能"无不到，理岂外心？谓理外心，唯心有限。破限名觉，心不自限。心不自限，理不外心。心之有觉，惟在其通。能宛通所，即以状觉。能觉无限，在无不通。凡有所通，皆依理路。理之为德，即在资通。舍资通德，无理可识。能觉在通，心岂外理？

九

心之穷理，自超其觉。超觉入理，即忘其觉；忘觉之觉，是为真觉。理之显心，自转高理。理转高理，理如失己；失而无失，是为实理。理即心体，理外无心；心外无理，穷理心明。理如导心，心实显理；所显之理，实即心体；体自显用，非心映理。

十

"言心觉理，次第包超，心虽显理，理有未觉。"（总前义设疑、下答）——凡此所言，心动有及。心动有及，即有不及；

故彼穷理，永无终极；惟心能超，及所不及；乃证凡理，不在心外。——然复当知：心之未发，寂然不动，本无所及；以无所及，无所不及。心有所及，即所于"所"；此所于"所"，为心之限。所"所"成限，乃有不及。故心未发，即无所限；以无所限，即无不及。知心未发，理实呈全。心诚息动，当下廓然，虚灵不昧，旁通无穷。理惟资通，此虚即理。自心言虚，即理之实。心体至虚，理无不实。心理如如，得无可得。本心即理，亦即太极。斯为了义，言思迥绝。心理本然，诚赖默识。

第二节
呈用——文化

一（赞心）

唯心之体，觉性无限；自明自照，能所浑然；灵光不昧，万象虚涵；百理平铺，八方辐辏；相对相渗，无相可言；阴阳合德，天理纯全；充实凝聚，元气内完。

二

唯心之用，觉有所觉；太极既分，两仪斯出，能所两开，内外宛若；物似外来，我似内接。明月在天，流光地隙，自忘其我，凝神物相；物物分立，殊态异状；刚柔相推，复变其相。万象森罗，吾心安放？裂彼大全，分析其理，科学之知，缘兹以起。

三

然此分析，唯似裂全。凝视此分，唯此分显；永存分后，背景之全。鸟鸣树巅，树在山前，山有重峦，重峦映天。分有不分，知有不知。不分在后，为分所居；不知在后，为知之基。知基者何，理体之全。理体为基，知有所知；分析知分，余若不知。

然复须知，分析所得，为一共理。凡一共理，皆异中同，抽同自异，故名分析。此异中同，实亦统异。是一分析，即含综合。凡彼析物，归得关系。凡有关系，连多为一。析物愈细，关系弥多，愈知关系，愈连他物。分析之功，正为综合。彼科学理，期在广备，理理相关，冀成统系。

凡此足证，分不离全；科学分析，惟似裂全。彼先裂全，终复向全；全似前招，实自前还。前招之全，后全之影。波心荡月，流光四裂，风定波平，期映满月。分析求备，归在全识。

四

唯彼科学，先裂分全。由分溯全，唯赖分连。连彼众分，连之复连；以分无尽，终不成全。故科学理，理体所分；科学之知，只显分理。分理依全，不同全理。

爰有哲学，会分归全。会分归全，不由外合。凡彼外合，有所不合，故合所得，终与分对。哲学会分，溯分所自。科学之知，知其所知；哲学之知，知所以知。知所以知，知知所自。知之所自，知中之理。反溯知理，识为心用；反用归体，得知理体；遂识万理，同系理体。心理如如，理相复泯。还观万理，一理之布，即心所显，即心之用；不见理相，唯见一心；心不见心，惟自证知。哲学之事，于焉完成。

五

科学求知，散于万物；由一及他，连绵相索。时序无穷，空间无极，交关互系，愈探愈密。凡有定律，皆有不摄。与之相反，爰有艺术。雕像一尊，山水一幅，琼楼玉殿，清歌妙曲，截断时空，自成境域；孤立绝缘，移人心目。科学抽象，离彼感相；艺术具体，惟赖感相。科学之理，外统感相；艺术之理，内托感相。以共概殊，科学之事；以殊摄共，艺术之事。以共概殊，共有可得；何殊中共，竟不可得？

缘彼艺术，外为感相。然此感相，用作征象。征象者何？借此指他。凡有艺术，皆能显理，然所显理，非与觉对，乃直透心，与理相系。征象形色，形色有理。形色之理，亦科学理。然此形色，曲折成趣，和谐对称，参差配置；互成互澈，相贯相交。形色之理，遂得相销。惟相销处，涌现美理。其所涌现，直呈于心；感时即有，离感难寻。求诸形色，此理不得；外此形色，亦不可得。

六

原彼理体，本复无相，诸理相渗，浑然一体；与心为一，不成所对。彼科学理，殊中抽共，共则异殊，可成所对。所对理相，偏不透全，理体太极，不显于兹。唯有艺术，托共于殊，融彼诸殊，以显共理。所显共理，不与殊对，具体共理，艺术乃有。融殊显共，阴阳互调。四象环抱，八卦成列，天地定位，山泽通气，雷风相薄，水火相射。此所显理，阴阳所交，理体太极，于兹遂呈。心显此理，无能所分。能所绝待，物我同泯。以象显理，象失其象；理显于象，理无理相。曲终人隐，江上峰青，艺术之妙，即象显真。

七

科学艺术，各有其用。科学分析，抽象律成，感相错杂，赖律成纯。而彼艺术，妙用通神，即彼感相，当下成纯。然此二者，未离感相，用上显体，皆待感相。唯人有爱，直通他心，视人如己，以情累情。爱之所始，先睹人形，笑貌音声，征象其心。即形知心，初同美感，将心比心，倏尔通魂。心同理同，理体遍存；理体之全，亦具他人。心中见心，见己于人。理体外化，反照于心。然此外化，缘心自推。心之自推，本其自理。故此外化，实非外化。理体遍在，亦在他心，心中见心，无异自见。人我同心，原自同体；惟自身观，人我宛别。心泥身象，人我乃分。将心比心，反此同体；实此同体，即我心体。分后观全，见有天心，概人与我，实此天心。人我同心，理体无二，亦无外化；本心无二，唯一本心。本心后隐，前见二心。推爱于人，本心实现。本心实现，理体自复。理体自复，即名为爱。理体呈露，爱自我施。非我施爱，理露破私。人我之别，唯各有私。理破其私，还归太一；本心日明，私不可得。唯有此爱，弥纶充塞。

八

复兹理体，即名为爱。爱有爱理，是名为仁。然复当知，复理之理，唯其自己。故此理体，实即是仁。仁非他理，仁即理体。仁与理体，其名有二；名虽有二，实唯是一。此意幽玄，别言以喻。

原彼理体，冲漠无象，旁通无穷，唯理之德，用在资通，舍通无理，舍理无通。理之本体，通而无相。凡所谓爱，心与心通，舍通无爱，爱唯昰通。爱唯是通，通唯是理。爱有所爱，爱不在所。通有所通，通不在所。爱不在所，爱即依仁；通不在所，通即显理。本心之仁，无所不通。大通之爱，无所不爱，天地万物，同为一体；至虚至实，亦通无相。理体即仁，仁即理体。

九

人心、我心，本心、天心，仁与理体，异名同实。惟其异用，俨然有别。明其一贯，表其同体，异用周流，名之为道。

十

艺术求美，科哲求真，道德求善，善本乎仁。然彼真美，亦即此仁。艺术求美，物我双忘。忘彼物我，直感直达。直感直达，仁之流行。科哲求真，唯求得理。理之所安，通物无碍，其名为真。真不异理，理不异真。理之通用，即名为真；舍彼通用，无由见理。通外见理，误指理相，凡有相理，理必不全。大全之理，理体无相。理体无相，是谓至真。至真理体，自证自明。自证自明，体用周行。周行之德，实即是仁。

十一（赞道用）

原彼道体，包涵万象，芴漠混沦，不可为状；至善至真，洵美且仁。道无常居，浑灏流行，范围六合，充沛古今；仰之弥高，临之弥深；曲成万物，主宰人心；显为科哲，众学纷纶，千岩竞秀，万壑争鸣；显为艺术，天乐响云，八音齐奏，鸟兽欢腾；显为道德，肫肫其仁，爱无不育，履载群生。溯其所自，先天地生，超物为言，是名为神。反己合神，宗教所生。

十二

原彼宗教，俯首事神。神高在上，若与己分；望神接引，援己于神。神无不备，功德充盈。爱神之德，爱理自身。理体名仁，仁即原爱。爱神之德，自爱"原爱"。爱爱周流，自超自抱，体用宛离，用环体绕。举用遥合，乃有宗教。

中土宗教，异彼西教。赞彼妙道，亦为宗教。天地含情，万物化生，生生不已，继善成性；成性存存，显为人文。原此天德，至动而贞。道在天壤，万古常存。信道不渝，中土宗教。

十三

科学哲学，艺术宗教，凡此等等，皆属文化。道德对言，亦为文化，凡属文化，皆体之用。然彼文化，相对而成，既为相对，皆用一支。全体大用，乃在人格。人格完成，尽性知天。用上立体，成圣成贤。立彼人极，方显太极。（《人生之体验》及《道德自我之建立》中精神之表现一部之前半，大皆不外说明本节之义。唯他处未用理体二字。理体即人之生命精神或心灵活动所实现之价值自体。）

第三节
立体——率性

一

完成人格，在尽其性。天命浑然，实为至善。率性即是，非行仁义。扩充不已，沛然谁御。义袭而取，涸可立俟。

二

心涵性理（性即理），其动也直。直心而发，无往不吉。其有不善，惟缘形气。形气者身，身者心窍，生理浑成，亦具众妙。形气之身，亦非不善。其有不善，唯溺形气，流而失本，不善以成。

三

失本因何？"其动不直。"不直因何？"只缘懈力。"懈力因何？"只缘迷理。"迷理因何？"唯心有蔽。""心具众善，缘何有蔽？心不自蔽，蔽于形气。蔽于形气，即心自蔽。心能自蔽，即心不善，心有不善，性亦不善，性善之论，将何以立？"

四

凡此疑难，不知心性。错误所生，混用于体。缘彼心体，未发为言。当其未发，寂然不动。理无不善，不得为恶，是为绝对。当其已发，即成相对。绝对伊何？唯有全正，而无偏反。相对伊何？反彼偏反，以归全正。故心之动，为一决定，决定伊何？有成有毁。唯能毁毁，是以能成。故心之动，是是非"非"。非其所非，即以成是；若不非非，是亦不成。（此段之非非之"非"，谓错误。）故心之动，善善恶恶。恶其所恶，即以成善；若不恶恶，善亦不成。非自何生，由可违是。此此为是，彼此则非。此此为理，彼此非理。然此非理，唯理非之；遵理而行，非必自非。"非理"非实，焉能违理？故此非理，惟一幻有。恶自何生，由可违善。然心之动，无不恶恶；遵理而行，"恶"必被恶。恶之为恶，永为被恶。故凡有恶，亦一幻有。

五

惑者不解，疑必丛生："有则不幻，幻则不有。既有幻有，则同真有；如属幻有，则同无有。既曰无有，焉用去之？言恶必去，言非必除，正谓其真，方必去除。"

六

"非"若果真，"非"不可非；"非"不可非，焉有非"非"。"恶"若果真，"恶"不可去；"恶"不可去，焉有恶"恶"。缘彼"非""恶"，非恶所对。离此非恶，"非""恶"不立。非恶离彼，亦复不立。以此（指非恶之活动）望彼（指非恶之活动之所对之"非""恶"），彼若实在；连此于彼，彼即幻有。幻有非无，无则无幻；惟其似有，故名为幻。幻为所对，此则对彼；此为活动，贯彻于幻。非"非"恶"恶"，幻终不实。非"非"证是，恶"恶"证善。故此非恶（活动），出自心用。心用此反，以反彼"反"（指"非""恶"）；然此心体，实无此反；有此反用，但以反"反"。反有所反，故有"非""恶"；"反"必被反，故必去除。有而不真，幻而必去。有"幻有"者，非此幻有。有"幻有"者，乃此真有；然此真有，明"幻有"幻。心善性善，于义得成。

缘彼理用，实一大全；割裂以观，妄议纷然。全体显用，用含两端；是是非非，善善恶恶；全用而观，实惟至善。然此浑用，本属超时；自时而观，分段呈形。故心之动，可流成恶。然其成恶，唯是宛成；理体之善，内存不毁。浑用之全，他段别呈；转恶成善，有待他时。他时之复，浑用完成。人之流恶，浑用前段。终身小人，善几永在，殁身不悟，他段未呈。然此浑用，仍系性体，待彼来生，终当现行。此意幽微，匪易言宣，凡信理体，终当豁然。

缘心发用，显于形气，溺彼形气，性若自离。然观浑用，离未始离。非"非"恶"恶"，乃性之形；浑用显性，见性之复。不远而复，性实无恶。

七

人之有恶，浑用前段；浑用之全，终当去恶。恶不污用，善不容恶。故知道者，不以有恶，疑性之善，不以有恶，容"恶"不恶。唯知浑用，不容有恶。有此真知，知即彻行，行顺浑用，见几去恶。

八

缘心发用，显于形气。体不离用，用不离体。如体离用，体成定体；定体孤悬，其外为空。如有外空，空体并立；并立相渗，此空毁体。

惟体发用，体得长存。体之发用，如有所着；形气相对，俨在理外。观理于气，气中皆理；自理观气，又若非理。然此非理，唯理未形。理之未形，消极之限。限惟宛限，非有实限。理显破限，破彼宛限。即此破限，名为理显。理之发用，唯理自展。展之相续，如一历程。展交未展，若有交点。唯此交点，气名以立。实此交点，唯理段呈。交点非实，续展点亡。限实不限，不限而限，唯此幻限，理之所破。唯理有破，理用流行。破惟显用，用惟是理。破无所破，是为妙理。

九

人之形气，中惟生理（生理一名取俗义）。心理生理，一理之布。惟彼生理，不能自觉。以不自觉，不透理体，故人我身，互相限隔。然我心理，直透理体，无有人我，遍在无私。尽性之身，破生理限。性显于行，心理通身；即此通身，为心之"德"。率性为道，修道成德。德原于性，德复成性。性未有增，德有所得。惟此率性，自强不息。行道无已，德日增益。心理贯身，身为心舍。缉熙光明，内德充实。德显于身，变彼气质。变彼气质，破限立极。

十

气质之变，端在累积，积水成渊，积善成德。日就月将，朝乾夕惕，默化潜移，神明自得。缘彼万善，出自一体。故彼积善，非有多善，自融自凝，恒求整一。一善虽微，遍全人格；众善虽多，成一人格。性体浑成，非由累积。累积之事，用上积极，体上消极。习气未除，善有间隔，如光隔暗，宛有多光。习气日除，光自整一；实此整一，性体原有。故彼累积，用上积极，体上消极。此义不明，未为知德。

十一

修养之方，言多难纪。静则致虚，动则循理，敬贯动静，主一无适。心体本虚，心虚理实。与理相应，当致虚静，恬淡寡欲，反于素朴。动则循理，言行有则。"则"通人我，强恕顺"则"；勉强而安，难而后获。循理之动，理自中识，践理自我，理事贯摄。行无留行，理不徒执，行心所安，良知是式。唯心是理，理无不备，反躬虚怀，是非自别。以常应变，良知不失，应而不滞，动静合一。斯敬贯注，内外不隔。

十二

修养之事，但问耕耘，为圣为贤，非可期成。人孰无过，贵在知过。本心至善，知"过""过"过。过而不留，过自融化。一念上达，不忧坠下。下自能升，赖信本心。信得本心，过若浮云。天风吹度，长空无尘。胸怀坦荡，天机日深；栖神玄远，足以悟灵。惟巧与力，存乎其人。

十三

修养之果，日变气质。诚不可掩，德不可伪。德之所成，匪由思至；充内形外，晬面盎背，美在于中，发乎四支；不言而信，不怒而威；未施而亲，默然而喻。温温恭人，惟德之基。金声玉振，终始条理；目击道存，斯为圣哲。

十四（赞圣）

惟彼圣哲，万物皆备。心主乎身，践彼形色。刚健光辉，日新其德，不勉而中，不思而得。尽性立命，既仁且智；文理在中，发为事业；经纬天地，材官万物。心之精神，六通四辟，明参日月，大满八极。心体显用，体自用立；爰本太极，建立人极。以身载道，道成肉身；凡有血气，莫不尊亲；所过者化，天下归仁。浩浩其天，渊渊其渊。恢恢广广，孰知其极？睪睪广广，孰知其德？泯泯纷纷，孰知其形？凄然似秋，暖然似春，参彼万岁，而一成纯。是谓至善，是谓至真，是谓至美，是谓至神。（本节除第七、第十四段外，大皆可在《道德自我之建立》中，得其注解。）

第四节
世出世间

一（赞道相）

原彼道体，无不包融。群星罗列，天有万重，而此道体，统摄太空。"空"在大觉，如海一沤。惟觉之理，弥纶宇宙。在物之理，犹为相对；绝对之理，超彼相对；万理交渗，融摄不二。道体真常，圆满充实，不动而变，无为而成，生生不生，形形不形。言语道断，知几其神。

二

彼道无极，彼道无际。无极之极，是谓太极；无际之际，际之不际。凡所有相，皆有际极；凡有际极，常言有物。自物观人，人亦一物。

三

然此人物，志气如神；身在天地，与物无分；心涵天地，物是心尘；行彼至善，践彼至真。圣心见道，道本长存，即身载道，超彼死生；形骸万化，灵府常春；昭垂大德，贯彻幽明；穷未来际，利乐有情。

四

人身虽异，心同理同。克念作圣，无不成功。虽悟一道，悟有早迟；未云人成，我即超生。乃知一道，实托众心。就其所悟，不得谓多；心与道一， 千圣一心。然当未悟，宛有多心。心体应一，多由系身。身何有多？大惑兹生。

五

爰知道体，迥绝情识。体虽为一，用则呈多，如一光源，射出即散。唯此四散，显为万物，殊类殊形，众物以生。（比喻）

原彼道体，无理不具，有一无多，一则不一。一有其一，必呈干多；故彼道体，不守其一；不守其一，故显为多。多之所始，原自一始。

六

体一用多，一呈于多；为有一呈，多实不多。万类殊形，同依道体。唯多有一，一贯各一，一含大一，还返大一。一返大一，可两面观：大一召一，是体彻用；一归大一，是用返体。缘有还返，物皆向道，发展进化，宛度时间。生物成人，人复成圣，返于道体，与道为一。然此时间，惟其返程。外望为时，内惟显性。惟性之显，破"各一"限，限若有"限"，破若有程，程如有段，宛尔成时。实此时程，惟理之布；惟理自运，时实无时。率性修道，惟理自运。非理运我，我理无分。"限"破理显，理之自显。"限"实非"限"，对破成名；理显非显，对隐成名。无隐之者，即"限"为隐。"限"惟幻有，有则非无。破"限"幻去，幻终非有。唯理真实，破彼幻限；故离此理，无破限者。知幻即破，理之自明；误幻为真，理之投影；于误不安，真之露呈；知幻非真，幻之返；自消其影，唯有一真。故彼修为，亦无修者，知真为真，不待外验；唯此一理，自明自证；明证至极，反于大通。一归大一，大一彻一，全体呈用，大用立体。自人言立，用上之言；用上立极，名曰人极。然此人极，实惟太极。一实二名，非有二极。

七

太极人极，实为一极。本体真常，断不容二；然其显用，毕竟是多。世界无穷，众生无尽，虽一成圣，不一切成。众生向道，理运乎多。理必破限，"生"终成圣。极理观"生"，"生"不是"生"；然限未破，"生"即是"生"。"圣""生"并存，理善安立。

八

诸圣见道，与道为一；诸圣同心，亦复无别。道体呈用，大用无疆；诸圣见道，德亦无疆；生前死后，悲愿同深；精神感召，长在斯民；愿士希贤，愿贤希圣；一人不圣，圣不独成。

九

圣不独成，圣与"生"系。圣心虽一，成圣途异。唯此途异，成圣因异。圣之系"生"，赖于世法。成圣因缘，亦赖世法。圣因有异，系"生"有别。唯此有别，诸圣不一；感格人间，各有功德。

十

爰知道体，迥绝情识，由一显多，多复返一。自体而言，返实不返；自用而言，宛如有返。各一之返，又不沉一；系彼众多，同返于一。故彼诸圣，不升天国，不住涅槃；愿入地狱，愿在人间。即智兴仁，以仁运智；全体兴用，全用在体；随缘显现，为天人师。慈航普渡，圣域同登。众生无尽，诸圣无尽。圣与众生，心无差别。非圣化生，生各自觉。道体周流，无所不入，一切众生，毕竟成圣。有一能成，一切能成，诸圣大愿，于焉以生。

十一（赞道体）

唯此道体，全体显用，用各归体；宛尔周流，无穷无际；交光互映，一多相澈；全一是多，全多是一；各一含多，多同返一。理事无碍，事事无碍；全海在波，波波摄海，芥子须弥，微尘世界；一念全收，诸圣斯在；举足下足，踏破三界；瞬目扬眉，道不可外。道远乎哉！触事而真。圣远乎哉！体之即神。唯吾蔽理，如道不在。哀此无明，隔绝内外。反求有术，知暗即明。充此知量，大觉终成。

十二

　　唯知道体，无所不在，故求大觉，不废小觉。觉无大小，同呈觉性。凡觉有理，理无小大。即小见大，视其心量；未能见大，小理亦大；循彼小理，自当通大；废彼小理，大无可大。故欲修道，不离世事；事至而应，循所知理；至赜不恶，至繁不厌；一有厌恶，自绝真常。若言求学，由本之末，科学世智，无一可弃。若言尽责，自近而始，为子当孝，为弟当弟，为友则信，忠于职事。恫瘝在抱，救世之急，玄理通神，志当超逸。既极高明，复行庸德。正其容体，齐其颜色，修其辞命，不使众骇；化世之言，方便巧立。道固小行，德亦小识；渐渍濡浸，会当有益。千里之行，始于足下。惟我先哲，精微广大。

第五节
思道

一

原彼道体，小大由之，于大不终，于小不遗。人能弘道，道亦弘人。体道在身，惟资行证；苟非其人，道不虚行。超彼思虑，议论徒纷，画饼不饱，望梅渴增。止于言思，只足成名。与道万里，世俗哲人。

二

然此道体，无乎不在。神之陟降，亦在言思。言有所符，思有所之，所符所之，同向道指。道不远人，岂远言思？故彼世哲，未与道离。差仅毫厘；若谬千里；然此千里，不离道体。道虽尊贵，由人所会；八方腾跃，终入环内；类与不类，相与为类。言思状道，诚不无误。误由何生？安排失措。变尔安排，错即不错。原此误排，思出其位，越位跨临，遂成错败。然此跨临，实由道生。唯道在上，引心上升，忘其本位，跨临乃生。故思之误，亦道所形。道无不容，容人误解。人不信道，道亦不悔。百家异说，矛盾冲突，一元多元，唯心唯物，曰墨曰儒，曰道曰佛。书籍无穷，卮言日出，小言破道，满坑满谷。而彼道体，无所不容；百川汇流，东海朝宗，磅礴深广，返于大通。

三（赞思道）

我思古人，人豪天挺。孔子一贯。老聃抱朴。孟子性善。庄周齐物。肇论不迁。贤首探玄。濂溪主静。明道识仁。晦庵穷理。象山立大。阳明致知。船山观化。释迦演法，大狮子吼。龙树观"空"。无著说"有"。苏柏师徒，理念世界。基督降世，"信""望"与"爱"。康德批判，知识内在。黑氏绝对，自化为外。凡此诸哲，殊方异代，若不相谋，玄津独迁；或异或同，并行不悖。后哲未出，前哲至上；后哲既出，两庭相望；弟子承师，当仁不让。后哲未出，疑若道穷；及其既出，道复旁通；群峰数转，还复相逢；黄河九曲，依旧朝东。思道之思，生生不穷。赞道之妙，还赞思道。道由思显，思复导行；行之践道，思为前导；破思之思，亦由思导；思之不穷，见道之窍。吾思至此，吾思"吾思"。宛有天则，下临吾思；而此天则，思不可思；渊乎莫测，知不可知。吾思至此，唯叹观止。思无可思，停笔于此。卮言河汉，俟诸异时；詹言十纸，聊以自娱。道无不容，当不见嗤。

三十年二月八日至十二日

原校者① 按：本部第二节第三、七、八、十段，第三节第七段，第四节第十、十一段，句数均为奇数，疑有错简，读者鉴之。

---

① 一九九一年台湾学生书局版《唐君毅全集》编者。

外文人名中译对照表

Aristotle 亚里士多德

Bacon, F. 培根

Bentham, J. 边沁

Carlyle, T. 卡莱尔

Clarke, S. 克拉克

Cudworth, R. 卡德华斯

Epictetus 伊辟克特塔

Epicurus 伊辟鸠鲁

Fichte, J. G. 菲希特

Hegel, G. W. F. 黑格耳

Hobbes, T. 霍布士

Kant, I. 康德

Mill, T. S. 弥耳

Moore, G. E. 摩耳

Pascal, B. 巴斯卡

Plato 柏拉图

Plotinus 柏鲁提诺

Shaftesbury, A. A. C. 沙夫持
贝勒

Schopenhauer, A. 叔本华

Shakespeare, W. 莎士比亚

Spinoza, B. de 斯宾诺萨

Wordsworth, W. 华茨华斯

人生之体验续编 病里乾坤
定价：48.00 元

道德自我之建立
定价：38.00 元

心物与人生
定价：46.00 元

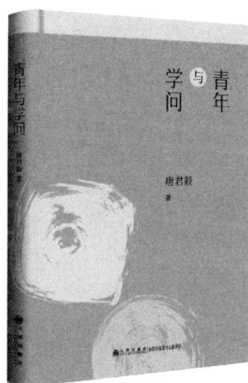

青年与学问
定价：35.00 元

中国哲学原论·导论篇
定价：108.00 元

中国哲学原论·原性篇
定价：118.00 元

中国哲学原论·原道篇
定价：360.00 元

中国哲学原论·原教篇
定价：128.00 元

哲学概论
定价：340.00 元

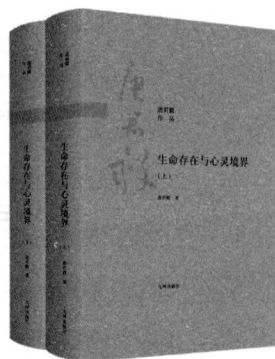

生命存在与心灵境界
定价：260.00 元

唐君毅全集
第＊卷
早期文稿

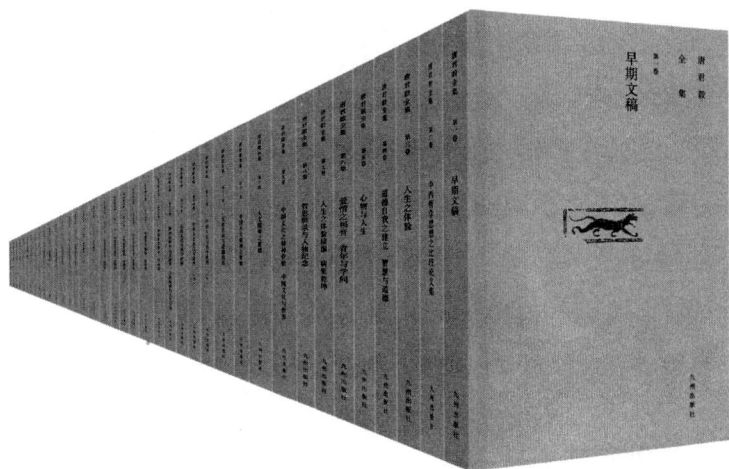

唐君毅全集（全三十九卷）
定价：4980.00 元

学术与政治之间

徐复观全集

国版无句思无极
汉血江河志多时

九州出版社

徐复观全集（全二十六册）
定价：1790.00 元